产品设计表现

主　编　康文科
副主编　陈登凯　赵　拓　吴　通

北京理工大学出版社
BEIJING INSTITUTE OF TECHNOLOGY PRESS

内 容 提 要

本书共六章，主要内容包括概述、透视及阴影原理与方法、产品设计草图的表现技法、产品设计效果图表现、产品设计的模型表现、产品设计的计算机辅助表现。

本书可作为高等院校工业设计、产品设计、室内设计、景观设计、建筑设计等相关专业教材，也可作为相关设计人员的参考工具书。

图书在版编目（CIP）数据

产品设计表现 / 康文科主编. -- 北京：北京理工大学出版社，2022.11

ISBN 978-7-5763-1851-7

Ⅰ.①产… Ⅱ.①康… Ⅲ.①产品设计–高等学校–教材 Ⅳ.①TB472

中国版本图书馆CIP数据核字（2022）第217594号

出版发行 / 北京理工大学出版社有限责任公司
社　　址 / 北京市海淀区中关村南大街5号
邮　　编 / 100081
电　　话 / （010）68914775（总编室）
（010）82562903（教材售后服务热线）
（010）68944723（其他图书服务热线）
网　　址 / http：//www.bitpress.com.cn
经　　销 / 全国各地新华书店
印　　刷 / 河北鑫彩博图印刷有限公司
开　　本 / 787毫米×1092毫米　1/16
印　　张 / 8
字　　数 / 212千字
版　　次 / 2022年11月第1版　2022年11月第1次印刷
定　　价 / 98.00元

责任编辑 / 高　芳
文案编辑 / 李　硕
责任校对 / 刘亚男
责任印制 / 李志强

前言 Foreword

随着社会经济的快速发展，工业产品设计已经由传统的功能实现向注重产品功能、材料、结构、色彩、材质等多因素协调，同时全面满足消费者个性化需求的方向发展。在这个过程中，工业设计作为新型交叉学科，强调技术与艺术、科学与美学的融合，对经济发展起到了极大的促进作用。作为工业设计过程中的视觉展示手段，产品设计表现发挥着重要的桥梁作用。

设计是一个将构想转化为现实的创造性过程。为了实现这一过程，设计师除要具备广泛的工程技术知识、深厚的美学素养、扎实的造型基本功外，还必须熟练掌握从设计资料收集、整理、分析，设计思路展开、记录，初步设计规划，设计方案优化，设计方案确定，设计思路说明书的撰写到模型制作等一系列设计表现技能。在所有设计表现技法中，最重要的是设计表现图的绘制。

本书从教与学的角度，以文字和图片相结合的形式系统介绍了产品设计流程不同设计阶段设计表现的形式和特点。对设计初期的草图表现、设计中期的效果图表现、设计后期的计算机辅助表现，以及设计验证阶段的三维模型表现等过程进行了详细的说明。

本书共分为六章，第一章介绍了产品设计表现的基本概念、设计表现的常用表现形式；第二章介绍了产品设计表现的透视学基础，不同透视表现方法的特点及适用对象，常用产品设计表现图的快速绘制方法等；第三章介绍了产品设计草图表现技法，从基本线条训练到复杂产品形态表现等；第四章介绍了产品设计效果图表现技法，包括底色表现技法、钢笔淡彩表现技法、色粉表现技法、马克笔表现技法、产品不同材质表现技法等；第五章介绍了模型表现技法，不同材料制作产品模型的特点，使用范围等；第六章介绍了计算机辅助表现技法，常用计算机软件特点及产品设计表现的优势及效果等。

本书中列举了大量的产品设计表现图案例，既有本校学生的临摹作业，广大设计爱好者分享到网上的精美设计作品，也有少数设计大家的经典设计案例。

本书理论与方法并重，图文并茂，适于高等院校工业设计、产品设计类本科生及研究生使用，同时，也可供从事工业产品设计的职业设计师及其他相关学科的人员参考和使用。

本书在编写过程中得到了西北工业大学工业设计系老师们的大力支持，他们为本书的编写提出宝贵意见和建议。其中，第一章、第二章、第四章由康文科编写；第三章由赵拓编写；第五章由吴通编写；第六章由陈登凯编写。本书中有些设计案例来自网络，无法一一查证作者，在此表示衷心感谢。

由于编者水平有限，书中难免存在不妥之处，恳请广大读者给予批评指正。

编　者

目录 Contents

第一章 概 述

第一节 工业设计与设计表现

一、工业设计与设计表现简介

20世纪学术上最显著的特点之一就是各学科之间的界线已经被打破，各学科、专业相互交叉、融合，形成新的学科领域。工业设计就是在这样的背景中产生的。它是用科学与艺术手段进行创造和设计的一门新型的综合学科。

工业设计是将工程设计与美学艺术相互结合的创造性活动。国际工业设计协会理事会对工业设计的定义："就批量生产的工业产品而言，凭借训练、技术、知识、经验及视觉感受而富于材料、构造、形态、色彩、表面加工及装饰以新的品质。"工业设计的最高宗旨是通过工业产品的优化设计与创造来改善和提高人类生活品质与工作条件，满足人们在物质和精神方面的要求。工业设计的范围极为广泛，它主要包括产品设计、视觉传达设计、环境设计三个方面的内容。在这三个领域中，视觉传达的对象是产品，而环境又是由各种各样的产品构成的，所以，产品设计是工业设计的核心领域。

工业设计的职责主要是将工业产品的外观形态、结构功能、材料加工工艺及使用宜人性等方面有机地结合起来，从而设计出实用、经济、美观的工业产品。

设计表现是随着工业设计活动而产生、发展的一种工作方法。概括来说，它是设计师在产品设计过程中，为了表达自己的设计意图和设计构想，运用各种媒介、技巧和手段来说明设计构想，传递设计信息，交流设计方案，并以此征询评审意见的工作，是整个设计活动中将构想转化为可视形象的重要环节。

工业设计作为一种现代设计方法，不仅包括对产品的功能、结构、材料、工艺、形态、色彩、表面处理和装饰等方面的设计，同时，还要从社会的、经济的、技术的、艺术的及人的各方面因素进行综合处理，以满足人们物质的与精神的多种需求。

因此，现代工业产品的表现也已从传统的工程图样的单一表现形式扩展到更实用、更科学、更广泛的形象领域。其中，在表现形式上主要包括用于确立设计目标的文字和图表形式，用于设计构思和方案选择的设计简图形式，用于设计方案评价与决策的效果图与展示模型的形式，用于生产制造、检验及使用的工程图样和样机模型的形式。在表现手段上除人工绘制各种图样和制作模型外，目前已逐步实现用计算机图形显示和图形处理系统来完成产品造型设计及其设计表现，进而使现代工业产品的设计工作进入了一个崭新的阶段。

二、设计表现的特点

工业产品形态设计是融合工程技术与美学艺术为一体，以创造既有实用价值又有审美价值的现代工业产品为目的的一门新型综合学科。其设计表现的内容和形式具有以下特点。

1. 创意性

产品的设计过程是一个不断创造的过程。在这个过程中的每个阶段所表现出的产品功能、结构和形态都要充分体现出全新的和与众不同的品质和规格。同时，不同的设计构思又是通过设计表现的可视形象来体现的，并在表现的过程中，将各种设计方案不断地加以比较、相互启发和改进，最终完成设计。因此，设计表现不仅是描述设计方案的技术手段，而且是激励创造构思、发展想象力的一种形象思维方式。

2. 快捷性

随着全球化进程的不断加快，现代产品市场竞争非常激烈，各类产品的市场更新周期进一步缩短，这就要求企业不断以新的产品占领和维持市场优势，快速更新产品设计方案，缩短产品开发周期。产品设计是一种思维快速发展的过程，一些好的创意和构思会转眼即逝，因此好的创意和发明必须借助某种途径尽快表达出来，设计师要善于抓住这些创意点，必须具有快速记录、再现的能力，即必须具有快速表现的技法和手段。另外，在设计方案沟通过程中，将其他设计人员及客户对产品设计好的建议及时记录下来或以图形表现出来，也是设计师优化和完善设计方案的重要途径。因此，快速的设计表现技巧就成为工业设计师非常重要的实践能力。

3. 真实性

产品设计表现的平面图样和立体模型都是最终实现产品的必要环节和手段。必须客观、真实、准确地表现出产品的结构关系、功能原理、造型形态、材质、工艺及必要的文字说明，这样才能有效、可靠地表现出产品从无到有、从设计到生产的每个环节。通过色彩、质感的表现和艺术的刻画达到产品的真实效果，让人们了解到新产品的各种特性及在一定环境下的真实效果，便于各方面人员都能感受，并理解设计师的设计意图。它应具有真实性，能够客观地传达设计者的创意，忠实地表现设计的完整造型、结构、色彩、工艺精度，从视觉的感受上建立起设计者与观察者之间的桥梁。

4. 说明性

最简单的图形往往比单纯的语言文字更富有直观的说明性。设计者要表达设计意图，必须通过各种方式进行展示说明，如草图、透视图、表现图等都可以达到说明的目的。尤其是色彩表现图更可以充分地表达产品的形态、结构、色彩、质感、量感等。同时，还能表达产品中蕴含的无形韵律、形态性格、美感等抽象的内容，更加便于消费者完整、充分地了解产品设计方案的各种信息。

5. 系统性

工业产品设计从确定设计与开发的目标开始到最终实现产品生产制造过程是一个以产品为研究中心的系统化设计过程。这个系统从小到大包含三层含义：一是以机械、电子、声、光、电、控制、自动化、网络化为代表的产品自身的功能、形态、结构、材料系统；二是以“人—机交互”为核心的宜人性人机工程系统；三是以“人—机—环境”和谐共存，绿色设计、可持续发展为宗旨的生态化设计系统。因此，产品设计过程中多种因素相互交织，而且在不同的设计阶段，需要处理不同的设计需求，设计表现具有不同的传达功能和目的，因而也呈现出不同的表现形式和层次。产品设计过程通常分为四个不同的发展阶段，即设计准备阶段、设计展开阶段、设计定案阶段和设计完成阶段。表1-1列出了产品设计在不同阶段需要完成的设计内容及设计方案的重要特征、设计表现的形式。

表1-1 不同设计阶段不同的表现形式

<table>
<tr><th>设计内容</th><th>设计程序</th><th>表现形式</th><th>方案可塑性</th><th>方案成熟度</th></tr>
<tr><td>设计准备阶段</td><td>设计课题的认识；
资料收集及问题分析；
确定设计目标</td><td>文字、照片、图表</td><td rowspan="4">高
↑
低</td><td rowspan="4">低
↓
高</td></tr>
<tr><td>设计展开阶段</td><td>构思初步展开；
方案初步评价与选择；
构思再展开；
方案评价、优选、综合</td><td>设计简图、简略模型
初步效果图</td></tr>
<tr><td>设计定案阶段</td><td>方案评价与决策</td><td>精确效果图、展示模型、
产品总装图、设计报告书</td></tr>
<tr><td>设计完成阶段</td><td>试制与投产</td><td>产品零部件工作图、
设计说明书、样机、产品</td></tr>
</table>

6. 美观性

设计表现图是产品形状、色彩、质感、比例、大小、光影的综合表现。优秀的设计表现图将艺术与技术融为一体，它虽然不是单纯的艺术品，但具有一定的艺术感染力，便于同行和生产部门之间理解设计师的设计意图。优秀的设计表现图画面干净整洁，构图合理，色彩悦目，除准确表达产品的相关信息外，还代表着设计师的工作态度、品质与自信。这样的设计表现图更容易获得别人的认同。

三、设计表现的重要性

设计是一个将构想转化为现实的创造性过程。为了实现这一过程，设计师除要具备广泛的工程技术知识、深厚的美学素养、扎实的造型基本能力外，还必须熟练掌握从设计资料收集、整理、分析，设计思路展开、记录，初步设计规划，设计方案优化，设计方案确定，设计思路说明书的撰写到模型制作等一系列设计表现技法。在所有设计表现技法中，最重要的是设计表现图的绘制，因为无论在设计的哪个阶段和层次，设计表现图都发挥着极其重要的作用。

而要快速、准确、形象地展示出产品设计不同阶段的设计结果，设计师必须熟练掌握满足各种表现需求的，丰富的表现技法，虽然这些表现技法远未包含设计思维和工作的各个方面，但是，有了这一技能的支持，设计师才得以在创造性的设计过程中，游刃有余的捕捉、追踪并激发快速运转的创作思维，开发出更多潜在的可能性。因此，设计表现图在产品设计过程中发挥着重要的作用。

1. 设计表现图是设计师的特殊语言

设计师的想象不是纯艺术的幻想，而是将想象利用科学技术转化为对消费者有用的实际产品。这就需要将想象先加以视觉化，这种把想象转化为现实的过程，就是运用设计专业的特殊绘画语言将思维想象表现在图纸上的过程。所以，设计师必须具备良好的绘画基础和一定的空间立体想象力。设计师只有掌握精良的表现技术，才能在绘图中得心应手，才会充分地表现产品的形态、色彩、质感等，引起人们视觉感受上的共鸣。

设计师面对抽象的概念和构想时，必须经过具体过程，也就是转化抽象概念到具象的形态，才能把大脑中所想到的形象、色彩、质感和感觉化为具有真实感的工业产品。在设计的过程中一个好的构想会瞬息即逝，设计师必须快速捕捉并以自己特有的方式记录下来，作为设计师自己思维发展的参照。所以，设计表现的表达能力是每位设计者应具备的最基本能力。

2. 设计表现图是设计领域的沟通工具

现代工业设计不同于传统的工程化设计，现代工业生产的产品，设计者和生产制造者不可能是同一个个体，经常需要进行群体性的协作。采用的是集体思考的方式来解决问题。在设计过程中，不同的设计师、企业决策人、工程技术人员、营销人员乃至使用者或消费者之间互相启发，互相提出合理性建议，这样有利于产品设计的成功。而这些人员之间的交流与沟通必须借助各种设计表现的形式，才能有效的进行。所以，设计表现图是设计领域中沟通的重要工具。

3. 设计表现图是推销产品的武器

企业在设计、生产出新产品时，为了要推动产品销售，必须借助不同的方式向消费者宣传自己的产品，一种是运用摄影技巧，加上精美的说明文字，进行广告宣传。但是摄像机无法表现超现实的、夸张的、富有想象力的视觉效果。另一种就是运用专业绘画的特殊技法，将产品夸张或有意的简略概括，使产品的主体形象更加突出、鲜明、生动。与摄像机相比，使消费者对产品多生出几分憧憬和神秘感，容易引起消费者的消费兴趣。因此，产品设计表现图便成为企业推销产品的有力武器。

第二节 设计表现图的基本形式

按照产品开发设计的基本规律，可将产品设计过程归纳为四个发展阶段，即设计准备阶段、设计展开阶段、设计定案阶段和设计完成阶段。在这四个阶段中，设计师常常要根据不同阶段工作的内容、信息的特点采用多种媒介来对其创造意图和构想进行说明、陈述与演绎。这就要求设计师必须掌握从市场调查分析报告撰写、设计草图、设计效果图、产品工程图的绘制、模型的制作、设计报告书的写作等一系列的表现手法和技巧，来应对在不同设计阶段设计表现的不同传达功能和目的。

从设计表现的视觉形式或空间模式上看，设计表现图可以归纳为两大类，即设计的平面表现与设计的立体表现（图1-1）。在设计实践中，这两大类之间又是相互辅助、密不可分的。在产品设计初期阶段，为了快速记录设计灵感与整理设计思路，一般较多运用设计草图等比较简单、快捷的平面表现形式，但是在详细设计阶段，在绘制产品预想效果图的同时，设计的全过程还需要配合各种模型制作和工程制图来完成，如果仅单独通过平面描绘是无法了解或表现产品的准确尺寸和空间的感受，只有绘制工程图或做出立体模型才能确定其准确尺寸、比例、体量、空间状态等信息，使模型更接近真实产品。同时，可以通过触觉来实际体验和判断产品的尺度、材料、表面肌理等信息，最后的方案实施则以准确的工程制图为依据来完成。

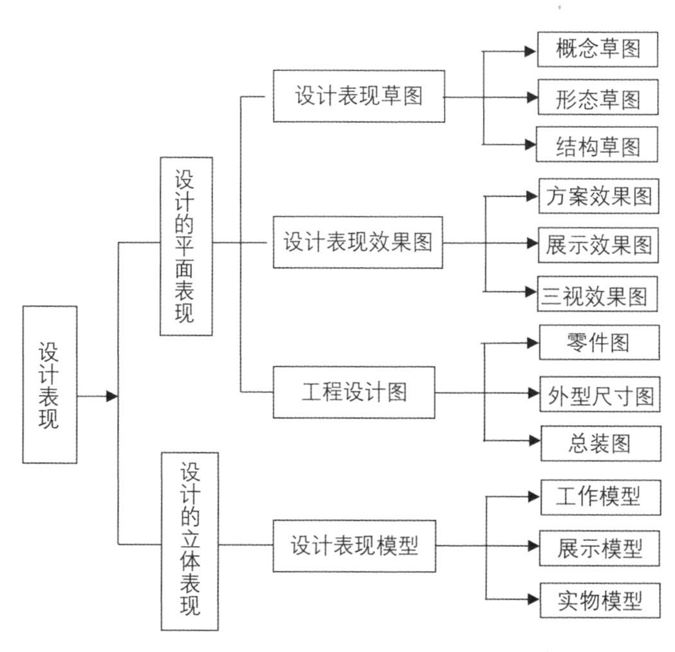

图1-1 设计的表现形式

一、产品设计的平面表现

产品设计表现图是将设计者脑海中所构思的空间形象通过二维的平面表现出来，以得到产品的具体形象和印象，如产品的形态、尺度、材质、色彩等造型特征。其表现形式的特点：灵活运用多种设计表现媒介，快捷、便利，符合不同设计阶段表达的需要；以透视学原理作为画面表现的基础，符合人的基本视觉认知规律，便于理解和沟通；强调对设计物的结构、材质、构型关系的真实表现，能够满足对产品功能、结构、形态、色彩等信息的直观说明。

由于平面的形式比较简单，可以快速准确地记录设计思维的发展，因而成为设计时的重要表达方式。根据设计表现图的不同类型，可分为设计草图、设计效果图、工程图等。

1. 设计草图

设计草图是在产品设计构思阶段徒手绘制的简略产品图样。它以最简练的表现技法快速记录和捕捉瞬间即逝的灵感与构思，最大限度地表达产品设计的各种方案，设计草图具有快速灵活、简单易作和记录性强的特点，绘制中无须精确和拘泥细节。设计草图有利于大量设计方案的产生和设计思路的扩展。其在产品设计构思阶段具有重要的意义。

设计草图主要包括以下几种类型：

（1）结构草图。结构草图即以表现组成产品总体形态的各部分之间的结构关系为主的简图。图1–2所示为游戏手柄结构图，图1–3所示为电动工具结构图。

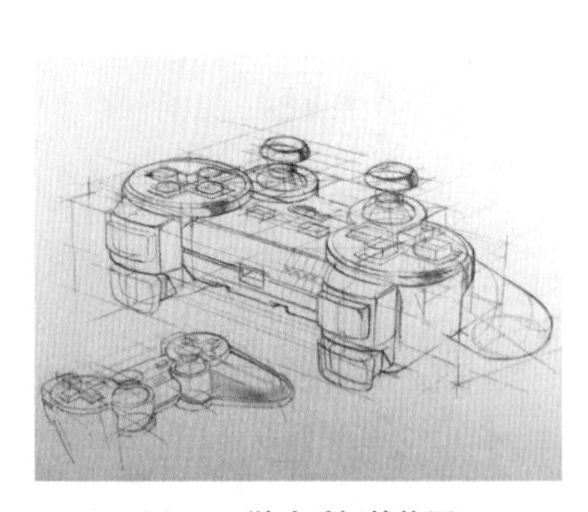

图1–2　游戏手柄结构图

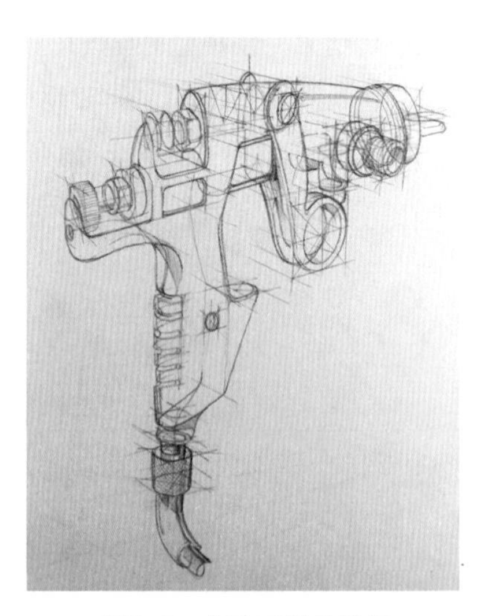

图1–3　电动工具结构图

（2）形态草图。形态草图即以表现产品外观形态为主的设计简图。它是运用速写技法，以简练的线条快速而准确地表达产品的形态。图1–4所示为打印机形态设计草图，图1–5所示为手动工具形态设计草图。

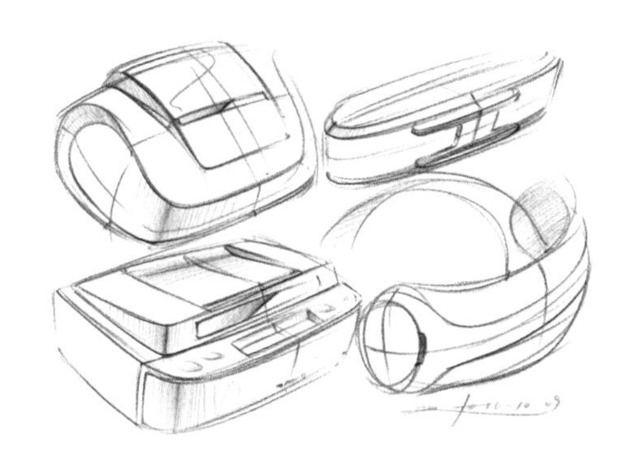

图1-4 打印机形态设计草图

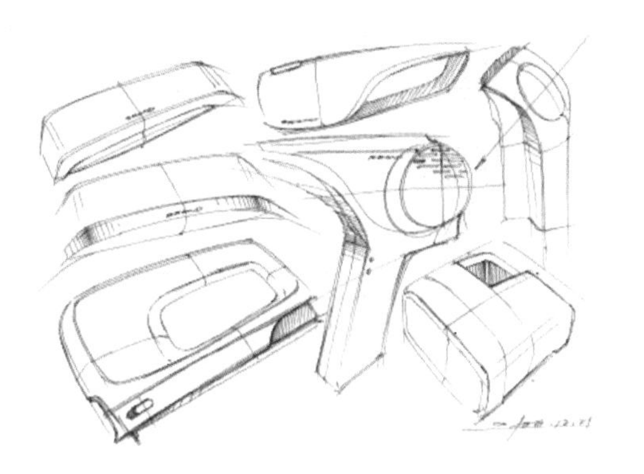

图1-5 手动工具形态设计草图

（3）淡彩草图。淡彩草图即在形态草图的基础上，施以简略而明快的淡彩来初步表现产品形态的色彩关系及不同色调变化的产品方案。图1-6所示为水龙头设计淡彩草图，图1-7所示为手机设计淡彩草图。

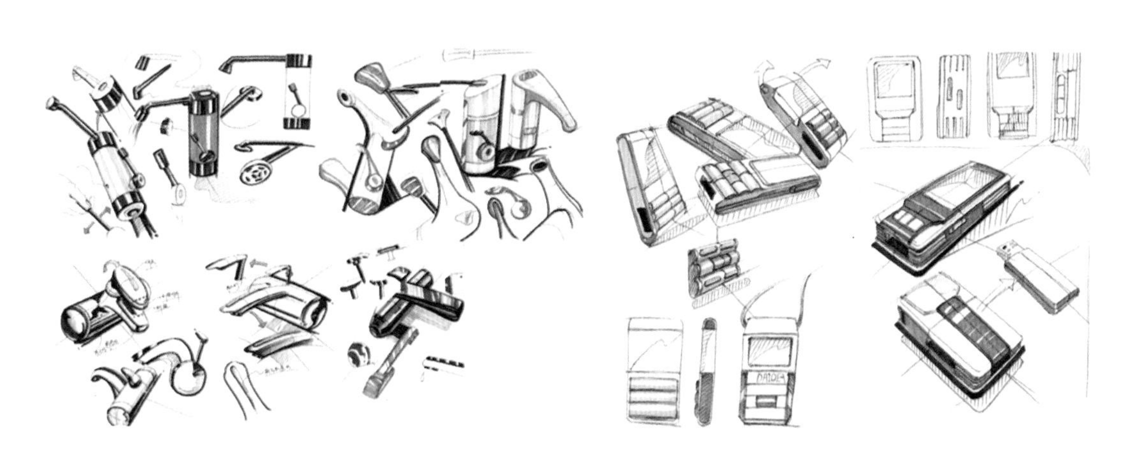

图1-6 水龙头设计淡彩草图

图1-7 手机设计淡彩草图

以上三种设计草图的方式是随着产品设计构思的逐步深入而顺序展开的。

2. 设计效果图

设计效果图是经过多方案评价、优比、选择后，在初步确定基本方案的基础上，运用各种不同的表现技法绘制而成的一种能够真实、准确、清晰地表达产品形态、色彩、材质等形态特征的直观图样。图1-8所示为汽车设计效果图，图1-9所示为手电钻设计效果图。

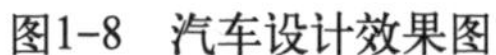

图1-8 汽车设计效果图

图1-9 手电钻设计效果图

3. 工程图

作为工程界的专用语言，工程图是在产品设计的最终阶段用来正确、合理表达产品的功能原理、结构关系、装配关系、使用方法、检验要求及零部件的外形尺寸、加工工艺及材料等多种技术要求，最终为产品的加工生产的指导性文件图样。图1-10所示为分度尾架工程图。

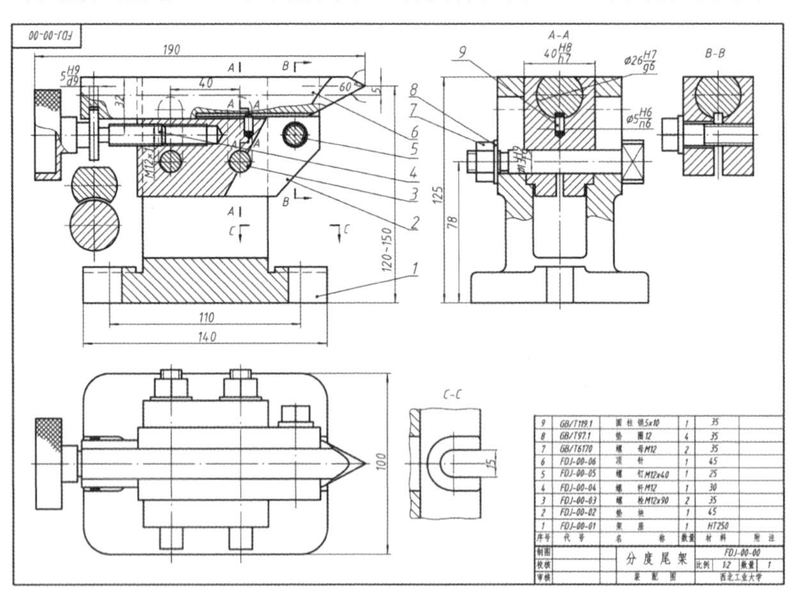

图1-10 分度尾架工程图

二、产品设计的立体表现

产品设计的立体表现形式就是作为产品形态验证的模型及作为产品功能、结构、工艺验证的样机。模型和样机是最为接近真实产品的三维立体表现形式，可以使观察者从不同的角度对其进行观察和研究，并可以通过触觉对产品的形态、尺度、结构等进行实际的体验和判断。通常，在设计实践中，产品的投产之前必须经过模型的制作及样机的制作阶段来对设计方案进行最后的考察。但是，模型的制作和样机的试制费工耗时，不易修改，因而不适用设计的展开阶段，往往是设计基本定案阶段的工作。

在产品设计过程中所涉及的核心问题主要包括：产品形态（作为承接产品内部结构，实现产品功能，同时协调人机操作的主要形式）；技术（实现产品结构组合，满足消费者使用需求的内在基础）；材料（产品物理性能与审美因素的物质基础）。这三个核心要素如果仅以二维的平面图形来表现，往往有许多难以表达之处。模型制作的目的就是用立体的形式把这些在图画上无法充分表达的内容表现出来。根据产品模型对产品设计方案说明的详细程度，产品制作的模型大致可分为工作模型、展示模型和实物模型。图1-11所示为游戏手柄展示模型，图1-12所示为汽车设计油泥模型，图1-13所示为鼠标实物模型，图1-14所示为小型数控加工中心实物模型。

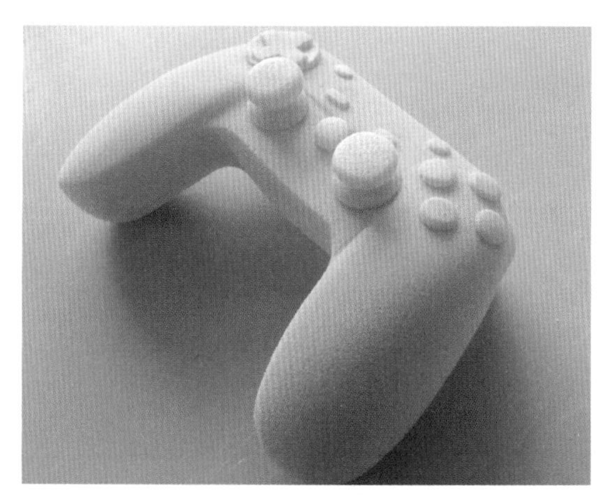

图1-11 游戏手柄展示模型

图1-12 汽车设计油泥模型

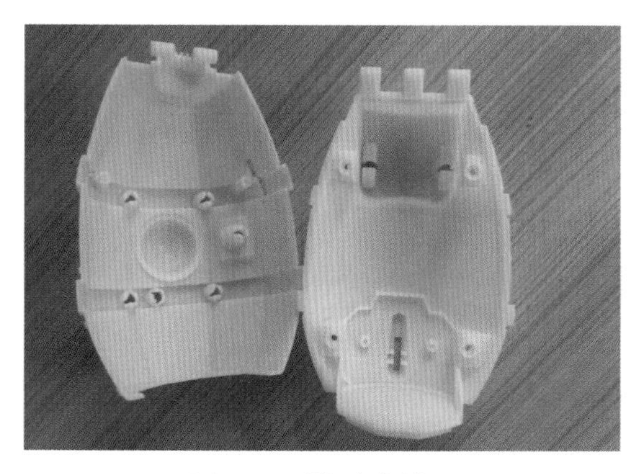

图1-13 鼠标实物模型

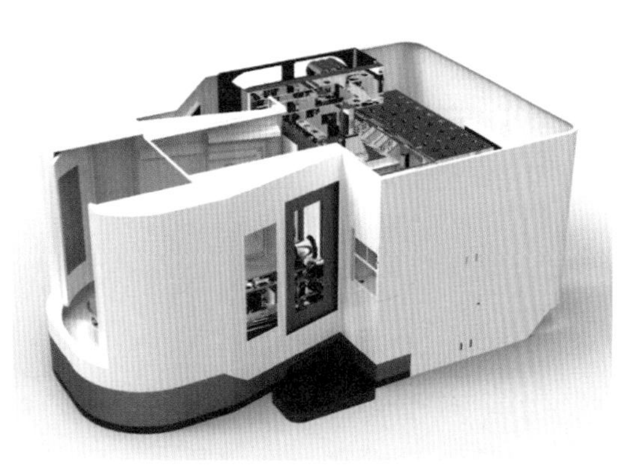

图1-14 小型数控加工中心实物模型

思考题

1. 什么是设计表现？
2. 设计表现与工业设计之间的关系是什么？
3. 设计表现的特点是什么？
4. 设计表现的形式有哪些？

第二章 透视及阴影原理与方法

第一节 透视与阴影的基本概念

在日常生活中面对一个物象或观看风景时，就对物象及景物有立体感觉和空间感觉，如站在马路中间或铁路中间时，感觉到路面或铁轨近宽远窄，路旁的电线杆近高远低，近处的人高于远处的房屋等，这是客观存在的一种视觉现象。为将产品的真实感表现出来，在画面中应反映出产品的立体感和空间感。

人们经过长期的实践总结出了一套透视规律，形成了系统的透视理论——透视学，为绘画艺术及产品设计奠定了科学基础。

透视学是一门研究和解决外界景物投射到人们眼睛里的景物的科学现象。例如，人们隔着玻璃窗看外界的景物，并将外界景物投射在玻璃上的图形描绘在玻璃上，所描绘的图形就是具有透视规律的立体图形。它在玻璃上正确地反映了外界景物透视变化的现象。产品的设计表现就是利用这个规律来实现在二维平面上展示产品的三维视觉形象。为了在二维平面展示三维视觉效果，必须突出和强调这种透视效果，以尽可能小的画面表达出产品逼真的视觉效果。

透视技法是以画法几何的中心投影原理为依据的作图方法，它运用线来表示立体物象的空间位置及直观轮廓。相对于绘画中以明暗、浓淡、虚实来表示物象远近关系的“空气透视”，它又称为线透视。这一原理和方法早在文艺复兴时期的欧洲就被人们研究、掌握并运用于美术创作，舞台布景及建筑设计的预想图。图2-1就是当时德国最杰出的艺术家丢勒（1471—1528），在他的关于透视画法的科学著作中画的插图，我们可以看到当时人们对透视图法的研究及运用。透视图技法发展至今已形成一门完整的科学，它不仅被广泛用于建筑设计和室内设计，还被工业设计师用来绘制工业产品的设计表现图。

图2-1 透视成像原理图

对于透视图的绘制，一直存在着不同的观点和方法。有人认为，因为有视错觉的存在，透视图不必画得很正确；而另一些人强调准确，以至不厌其烦采用严格的几何方法求作透视；有的人则追求快速，徒手作画，无论是否真实、准确。其实，产品的设计表现毕竟不同于美术作品，其主要目的是正确反映产品形象。如果透视图不能表示设计物的尺寸概念和空间结构关系，又怎样传达出真切的预想效果而获得他人的认同呢？因此，“准确”是透视的基本要求。另外，传统的透视几何求法作图步骤烦琐，不易掌握和运用，如果使用不当，透视技法这个工具和手段反而会变成束缚创造思维拓展的羁绊。因此，在设计实践中，不妨在不违背透视原理的基础上，采用一些简单易行的方法，如采用基本形体用几何求法，局部细节凭视觉判断和徒手画的结合方式，就可大大简化作图过程，获得既准确又快捷的效果。基于这种考虑，除透视的基本知识外，本节中扼要地介绍了几种实用性强的简捷透视画法，以供设计者在实践中参考。

一、透视现象的形成

在现实生活中，人们都有这样的视觉经验：等大的物体看上去近大远小，等距的物体（如常见的路边电杆、铁轨等）看上去近处的间隔大，远处的间隔小，这就是常说的透视现象。图2-2说明了透视图形成的有关概念。

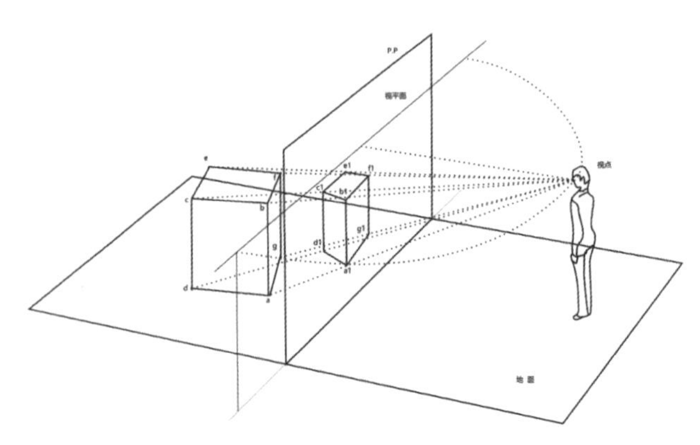

图2-2 透视图形成的有关概念

当观察物体时，可假设在眼睛（即

视点E）和物体之间有一透明的画面$P.P.$（即投影面），把物体上的各点a、b、c…与视点E相连，这些连线穿过并交于画面P时必然得到一些相应的投影点a_1、b_1、c_1等，用线将这些点连接起来，在画面P上即显示出该物体的透视图形。这种以视点为中心，画面为投影面的投影法称为中心投影法。在这种投影法中，观察者、画面和物象三者构成了一个系统，透视图法中所有的原则和方法都是以这一系统为基础形成的。

二、透视图的种类及其应用

由于物体相对于画面的位置和角度不同，在产品的设计表达中通常会采用三种不同的透视图形式，即一点透视、两点透视和三点透视。下面以立方体为例，用图示说明三种透视图类型及其应用。

（1）一点透视。当立方体三组平行线中的两组平行于画面时，则仍保持原来的水平和垂直状态不变。只有与画面垂直的那一组线形成透视，相交于视平线上的心点。由于这种透视图表现的立方体有一个面平行于画面，故也称其为“平行透视”。一点透视多用来表现主立面较复杂而其他面较简单的产品（图2-3）。

（2）两点透视。当立方体只有一组平行线（通常为高度）平行于画面时，则长与宽的两组平行线各向左、右方向延伸，交于视平线上的两个灭点。因为物体的正、侧两个面均与画面成一定的角度，故也称为成角透视。两点透视能较全面地反映物体几个面的情况，且可根据构图和表现的需要自由地选择角度，透视图形立体感较强，故为效果图中应用最多的透视类型（图2-4）。

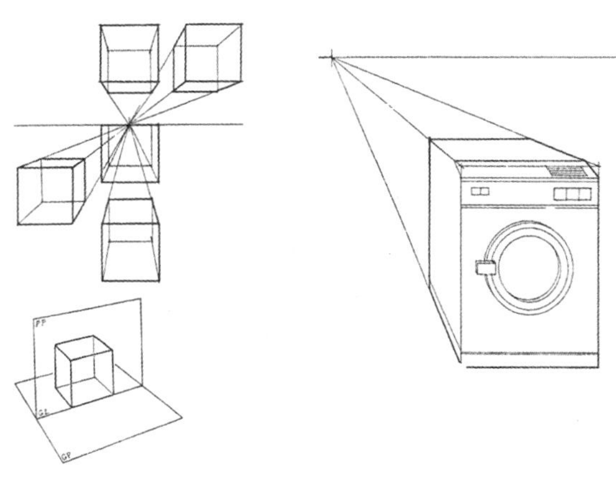

图2-3 一点透视原理及产品效果

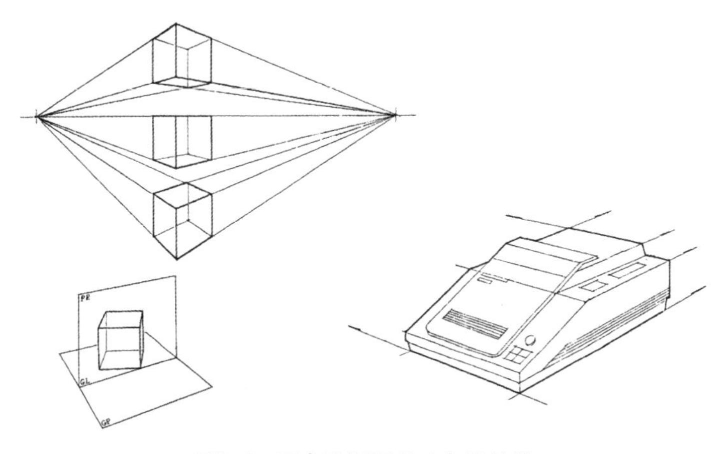

图2-4 两点透视原理及产品效果

（3）三点透视。当立方体的三组平行线均与画面倾斜成一定角度时，则这三组平行线各有一个灭点，称为三点透视或倾斜透视。三点透视通常呈俯视或仰视状态，常常用于加强透视纵深感，表现高大物体。由于三点透视作图步骤较繁复，在设计实践中应用较少（图2–5）。

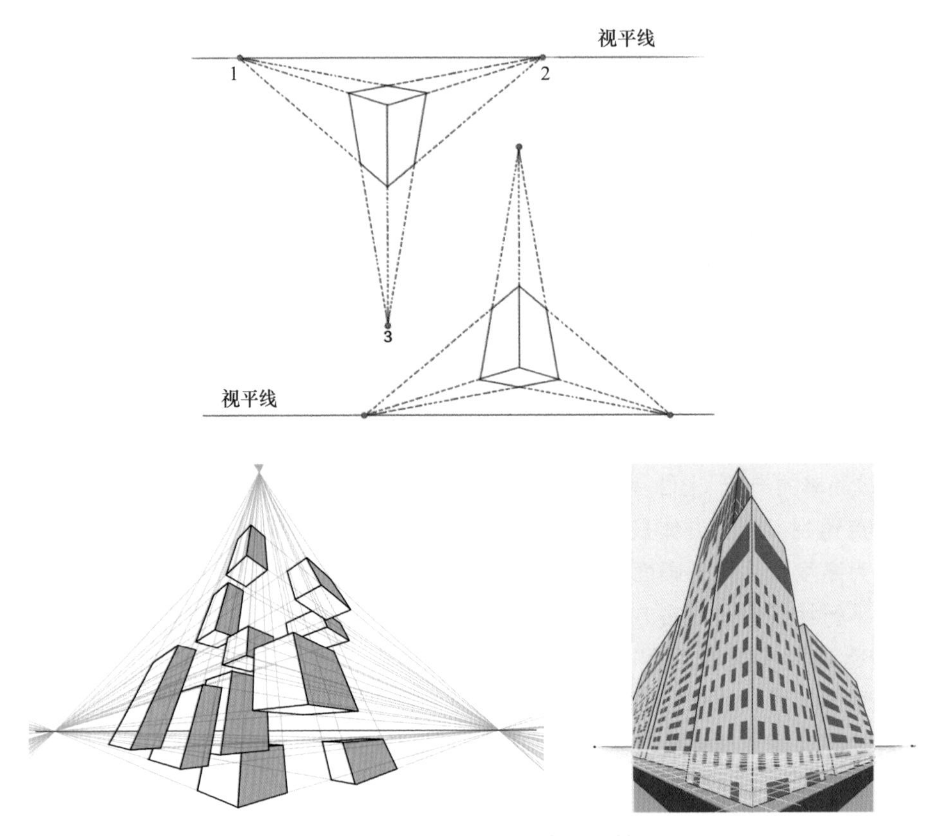

图2–5　三点透视原理及产品效果

三、透视的原理

透视的基本原理是由眼睛的生理视觉作用形成的物理现象。眼睛的前面结构是晶状体，它由透明的角膜、虹膜和瞳孔组成，它如同照相机的镜头，晶状体后面的玻璃体如同暗箱，再靠后一层是视网膜，如同照相机的底片。当外界物象投射到眼球时，透过瞳孔、晶状体和玻璃体到视网膜上时，“像”就产生了。于是，人们的视神经就感觉到外界的物象，外界物象通过瞳孔投射到视网膜上，形成一个视角，距离眼睛近的物体，由于视角大，所以成像就大，距离眼睛远的物体，由于视角小，所以成像也就小。这就形成视觉上近大远小的透视现象。人眼向着一个固定并有一定范围的景物看时，看得越远，所见的范围就越大；反之越小。外界景物射入眼球的实现构成一个锥体，视锥的底叫作视阈，凡在视阈内的景物都可以看到。人的视阈一般为60°，而看得最清楚的视阈在30°左右视角范围内，也就是处在视网膜中心部位。

四、透视常用名词

要研究透视学知识，必须了解有关的透视学名词。透视常用名词如下：

（1）视点：即人的眼睛位置。

（2）视高：即人的眼睛所处的高度。

（3）视阈：当目光固定在一个方向时，人眼所见到的前方全部范围，称为可见视阈。其视角约为100°，在可见视阈中间的60°视觉范围称为正常视阈。在正常视阈内所看景物比较清晰，30°视角为最清楚视阈。

（4）视轴：又称中视线，是视锥的中垂线。

（5）视平线：使画面上与视点等高的一条水平线。随着视点位置的高低而变化，并与中线垂直。一点透视、二点透视、三点透视的消失点都是根据视平线而决定的，因此，它的位置高低在产品透视中具有重要的作用。

（6）视距：即景物主点到视点的距离。

（7）主点：又称心点，视轴垂直于画面相交于视平线正中央的一点。

（8）消失点：物体中倾斜于画面的线延伸至无限远的消失点，在视平线上逐渐汇集成一点，就是消失点；或者一个物体的两根线在视觉中越远越显得互相靠拢汇集为一点，即消失点。

（9）消失线：又称天线，平面延伸至远方，最后消失在一条直线上。消失线可分为三种情况：第一种是水平面消失线，如地平面延伸到远方；第二种是上下斜面消失线，如人字坡形式的屋顶的倾斜面；第三种是上下竖面的消失线，如建筑物的墙面。

在产品设计表现的过程中，掌握一些基本的透视知识是非常重要的。它对表现产品的立体感起到重要的作用。

五、透视的基本规律

1. 平行透视的基本规律

（1）与视平线始终平行或与画面平行的线，垂直线始终垂直，只是近大远小比例上的变化，水平线始终平行。

（2）凡与画面呈90°直角的线，都消失于主点。平行透视只有一个消失点，该消失点就是主点。

（3）平行透视的形体变化，是随着视点位置的变化而变化。平行透视应用在画面上容易造成视觉上的集中、平衡、稳定和庄重的感觉。

平行透视图基本规律如图2-6所示。

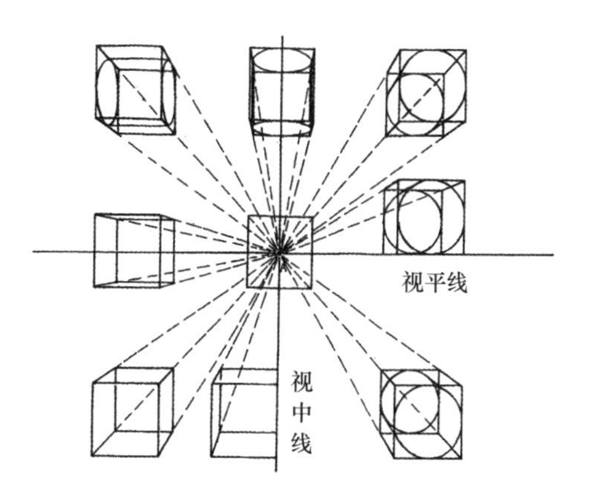

图2-6 平行透视图基本规律

2. 成角透视的基本规律

（1）与视平线成角或与画面成角的线，该线与其他成角的线最终交于一点，都是消失于据点或余点。

（2）余点在视平线上位于主点的左右，余点角度越小，距离主点越远，角度接近90°，距离主点越近。

（3）成角透视中的景物，至少有两个以上的消失点。成角透视的应用在表现物象上被经常采用。它与平行透视比较有很强的空间立体深度，且能较充分展现所描绘的客观物象的特征。

成角透视图基本规律如图2-7所示。

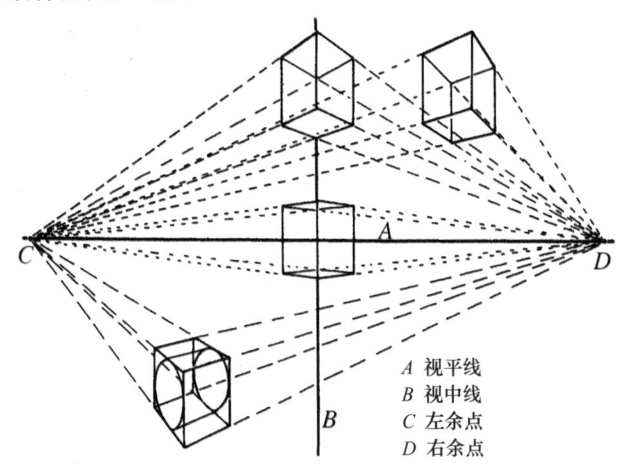

图2-7 成角透视图基本规律

3. 平视、仰视、俯视的特点

随着作画者的视点与视平线的位置上下而产生俯视与仰视的透视现象。当观看物象时，物象与视高不相上下，且物象上下边缘距离视平线较近，平目而视，就是平视；若物体在视平线以上，仰目而视，就是仰视；如果物象在视平线以下，俯首而视，就是俯视。

俯视是物象在视平线以下的位置，视点高，需俯视观看。这种透视现象在画面中给人以广阔、低压、统摄的感觉（图2-8）。

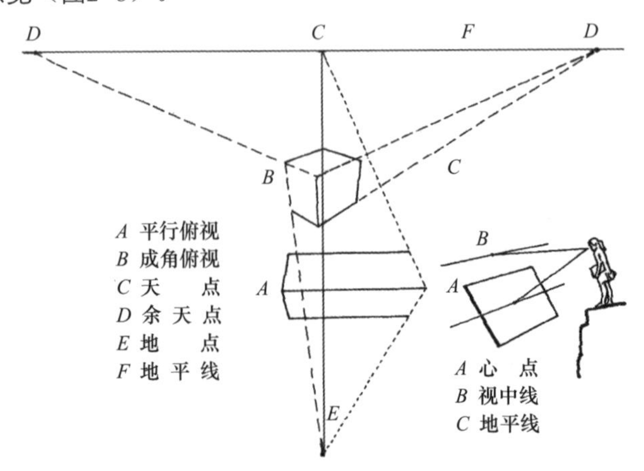

图2-8 俯视透视图

仰视中的物象是在视平线以上较高的位置，视点低，需仰视观看。这种透视现象在画面中给人以高耸、向上、伟大、傲气的感觉（图2-9）。

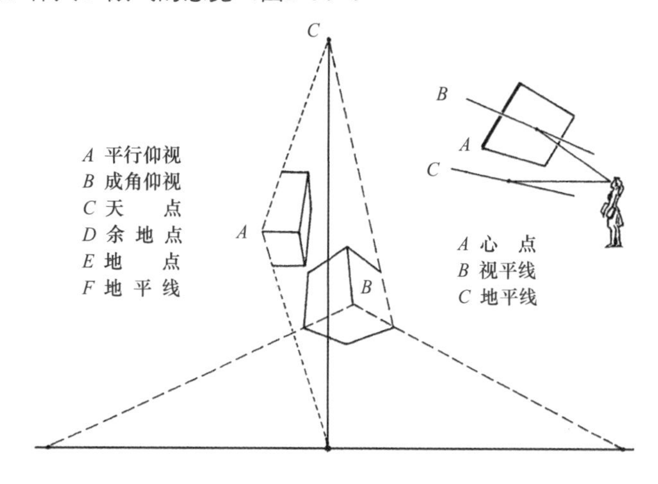

图2-9　仰视透视图基本规律

4. 透视规律要点

（1）等大的物象，视距近则大，视距远则小；等宽窄的面，视距近则宽，视距远则窄。

（2）实际中两根相互平行的线，与画面呈斜角时，越远越靠拢，最终消失于一点。与画面平行的线近长远短。

（3）在视平线以上与画面呈斜角的线，近高远低；在视平线以下与画面呈斜角的线，近低远高。图2-10所示为透视图基本规律。

图2-10　透视图基本规律

第二节 透视与阴影的基本作图方法

在产品设计表现实践中，为了实现快速表现的目的，一般采用视线法、灭点法和量点法这三个最基本的方法绘制透视图。

一、视线法

视线法又称建筑师法，自1876年开始在国际上沿用至今。这种方法是利用物体平面上的各点与视点*E*的连线交于画面各迹点，再利用已知点*A*及迹点与灭点的连线，画出平面的透视，然后过已知点*A*作量高线，从而画出物体的透视图。图2–11所示为视线法作透视图。

二、灭点法

灭点法是将平面图上两组主要直线延长交画面为各迹点，利用各迹点与灭点的连线画出物体的透视图法。图2–12所示为灭点法作透视图。

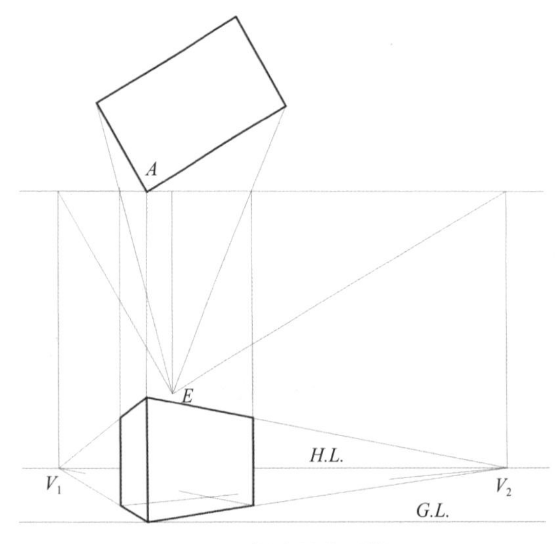

图2–11　视线法作透视图

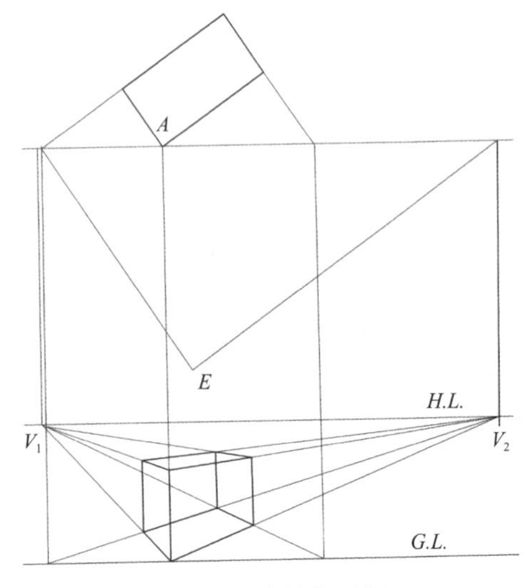

图2–12　灭点法作透视图

三、量点法（测点法）

量点法是利用辅助线的灭点（即量点*M*）画出透视图的方法。图2-13所示为量点法作透视图。

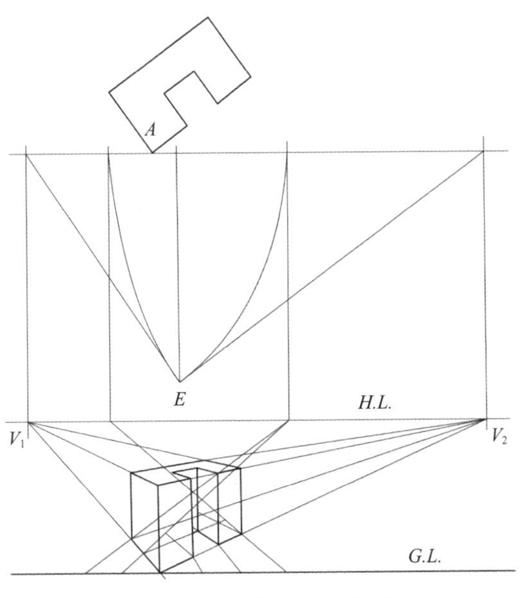

图2-13　量点法作透视图

第三节　透视条件的选择

产品、画面及视点三者之间相互关系的选择直接影响到产品透视形象的表现。总的来说，透视关系的选择应以显示出产品的主要特征和尺度、体量感为原则。物体与画面的夹角和视平线高度是决定产品透视关系的主要因素。

如图2-14所示，A——当物体正面与画面夹角为0°时，其正面呈实形，表现为一点透视；B——当物体正面与画面夹角很小时，所求的透视效果是物体正面大、侧面小；C—当物体正面与画面夹角增大至30°时，其正面、侧面透视大小比例比较合适；D——当物体正面与画面夹角增大至45°时，其正面、侧面透视大小接近相等；E——当物体正面与画面夹角继续增大时，所求的透视效果是其正面压缩变小，侧面增大。

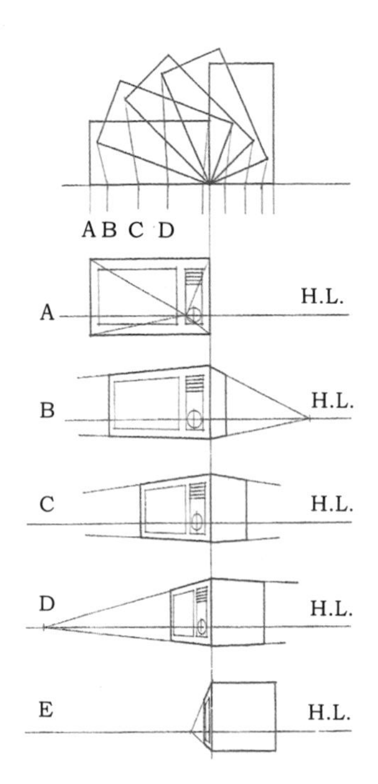

图2-14　物体与画面夹角对透视效果的影响

图2-15说明了视平线高度的变化对产品的透视形象，特别是对产品尺度感和体量感的影响。

视平线越低，物体越显得高大、雄伟［图2-15（a）］，宜用来表现大尺度产品；视平线适中或接近人高，物体的透视较平易近人［图2-15（b）］；视平线高于物体，即产生俯视效果（越高则俯视效果越显著），物体的尺度和体量往往感觉较小［图2-15（c）］，宜用来表现小体积产品。

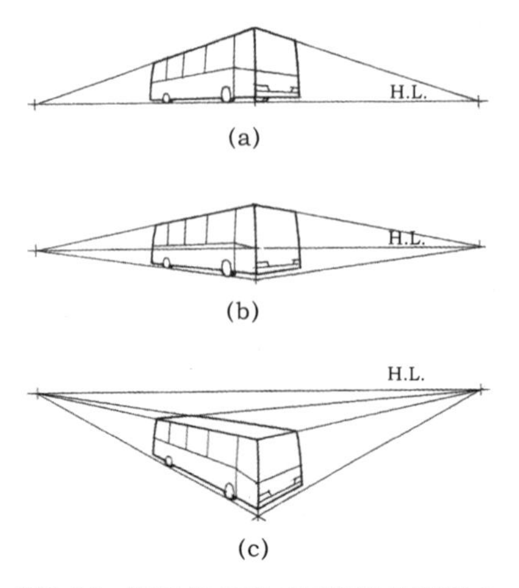

图2-15　视平线高度对透视效果的影响

第四节 设计表现图常用透视方法

一、一点透视画法

（1）作正立方体正面实形$abcd$，在适当位置作视平线$H.L.$并设定心点$C.V.$，分别将a、b、c、d与心点$C.V.$相连（这些连线即立方体垂直于画面的平行灭线）。

（2）在视平线$H.L.$上适当位置设定距点$D.P.$，该点即立方体顶面与底面的对角线的灭点；连点d、$D.P.$与直线$aC.V.$交于e，过e作水平线交直线$dC.V.$于f，连点$aedf$，即求得立方体顶面的透视形（可依同理先求立方体底面透视形）。

（3）分别自e和f引垂线交直线$bC.V.$和直线$cC.V.$于g和h，这样就求出立方体左右两侧面的透视形。

一点透视画法如图2-16所示。

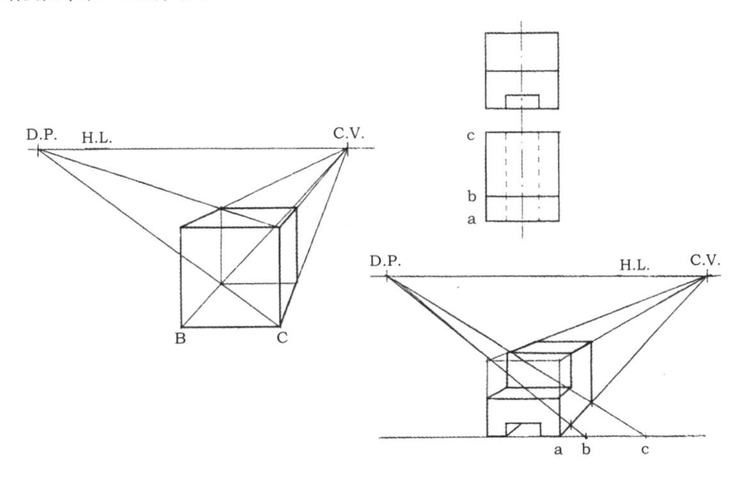

图2-16　一点透视画法

二、两点透视（45°）画法

设正立方体的左右两侧面均与画面呈45°角时，透视作法如下：

（1）在视平线$H.L.$两端设定左、右两灭点$V.P.L.$和$V.P.R.$，并取其中点为对角线灭点$D.V.P.$；由$D.V.P.$引铅垂线，并在此线上设定正方体的接近点A，自点A分别向左、右两灭点连线

1和2，即立方体底面两边线；在铅垂线*D.V.PA*上适当位置设定正方体底面的远点*C*，过*C*分别连线 3 、4至左、右两灭点*V.P.L.*和*V.P.R*并延长交线1.2于点*B*和*D*，即求得立方体底面透视形，*AC*为对角线［图2–17（a）］。

（2）作另一对角线5平行于视平线；过点*B*和*D*引铅垂线6；以*B*为圆心，*BD*为半径作弧线8；过点*B*作45° 线下交弧线8于点*X*；过*X*作水平线9交线6于*E*和*F*，即求得立方体对角平面*EFDB*［图2–17（b）］。

（3）过*E*、*F*引线10连接两灭点并延长交铅垂线*D.V*，*PA*于*G*和*H*，即完成立方体两侧面和顶面的透视［图2–17（c）］。

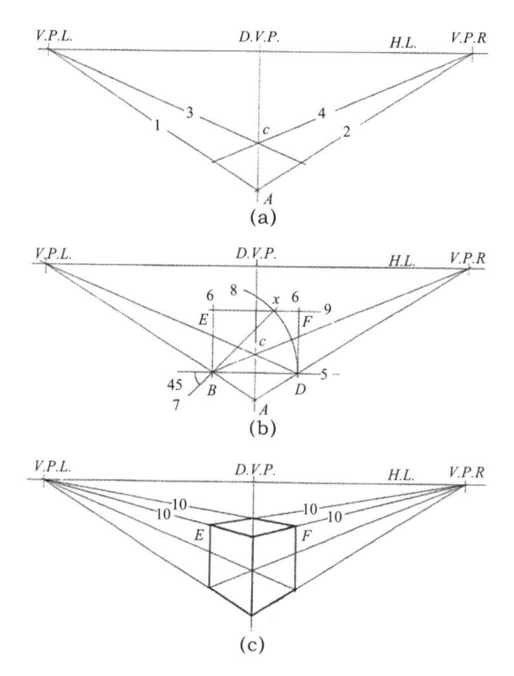

图2–17　立方体45° 两点透视画法 I

三、两点透视（45°）画法 II

用45° 作法I画出的透视图，立方体两侧面完全对称而略感呆板，如将立方体接近点*A*稍为偏离中心垂线，求出的图形就会避免对称和呆板。具体作法如图2–18所示。

（1）在视平线两端设左、右两灭点，并取其线段中点为心点*C.V.*，由心点引铅垂线*C.V.L.*于线*C.V.L.*左右适当位置设定立方体接近点*a*；过*a*作水平测线*m*，并自*a*分别向左、右两灭点连线，这两条连线形成的角度宜为90° ［图2–18（a）］。

（2）由点*a*向上引铅垂线*ae*=立方体实高，并把*ae*长度转移到过*a*的45° 倾斜线上设*ae*=*aa*，过*a*引铅垂线交测线*m*于a_1连接a_1与心点*c.v.*，交*a*与左灭点的连线于*b*；过*b*引水平线交*a*与右灭点的连线于*c*；由*b*、*c*分别连接左、右灭点并互交于*d*，则*abcd*为所求的立方体底面的透视［图2–18（b）］。

（3）由*b*、*c*、*d*分别向上引铅垂线l、 2 、3；由*e*分别连接两灭点并与线1和2交于*f*和*g*。由*f*、*g*分别连接两灭点并互交线3于*h*，即求出立方体的45° 透视图［图2–18（c）］。

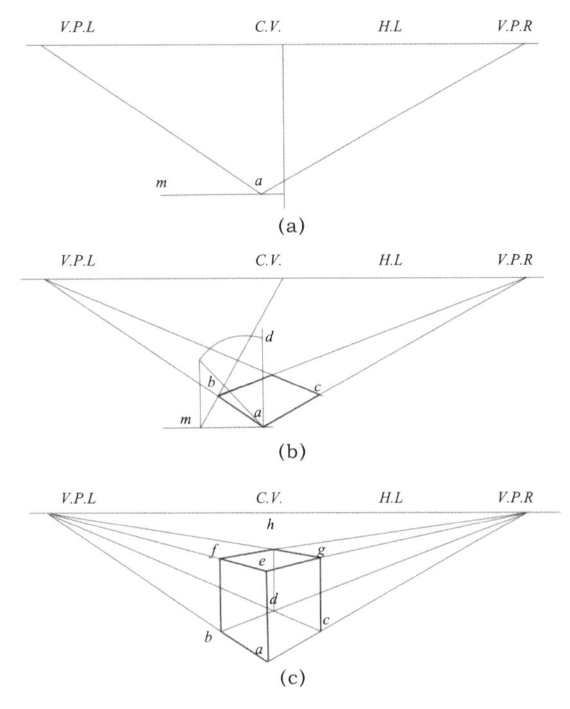

图2-18　立方体45°两点透视画法Ⅱ

四、两点透视（30°、60°）画法

设立方体两侧面与画面各成30°角和60°角（图2-19）。其透视画法如下：

（1）于视平线$H.L.$两端设灭点$V.P.L.$和$V.P.R.$。在视平线两灭点之间1/4处设心点$C.V.$，由$C.V.$引铅垂线，并在其上适当位置设点N为立方体的接近点。由N分别与两灭点相连（两连线所形成的角度宜>90°）。过N作水平测线M；由N引两线分别与测线M倾斜30°和60°。设立方体实高为NE，并将其转移到两斜线上，使$Na=Nb$；由a、b引铅垂线交测线M于a_1、b_1。

（2）分别由a_1、b_1与心点$C.V.$连接，交N与左右两灭点的连线于A、B；由A、B分别连接两灭点互交于C则$ANBC$为所求立方体底面的透视。

（3）由A、B、C分别引沿垂线1、2、3。由E向两灭点连接交线1、2于D、F，由D、F分别向两火点连接并互交线3于G，即求得立方体30°、60°的透视。

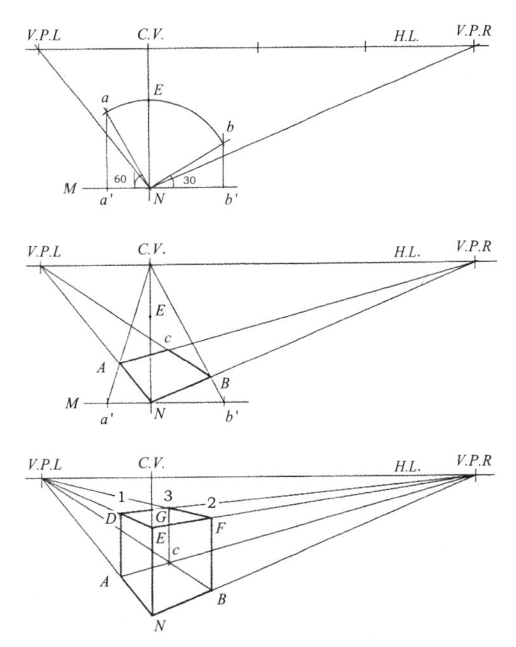

图2-19　立方体30°、60°两点透视画法

第五节 透视图快速绘制方法

一、两点透视（30°、60°）简捷量点画法

设正立方体两侧面与画面各呈30°和60°角（图2-20），可利用近似量点法简便地求出该立方体的透视。其作法如下：

（1）于视平线*H.L.*两端适当位置设两灭点*V.P.L.*及*V.P.R.*。取两灭点连线的中点为左侧点M_1，取M_1与*V.P.L.*间的中点为心点*C.V.*；再等分*C.V.*与*V.P.L.*，取其中点为右侧点M_2。自*C.V.*引铅垂线1，并在线1上适当位置设点*N*和*E*，使*NE*=立方体实高，分别由*N.E.*向两灭点连线2、3、4、5，则求得立方体底面及顶面接近角。

（2）过*N*作水平线*M*，并在其上设点*a*和点*b*，使*Na*＝左侧面实宽、*Nb*=右侧面实宽（在此例中*Na*=*NE*=*Nb*）。分别由*a*、*b*向M_1及M_2连接并交线2、3于*A*、*B*。由*A*、*B*分别向两灭点连接互交于*C*则*ANBC*为立方体底面透视。

（3）由*A*、*B*、*C*各引铅垂线交线4、5于*D*、*F*。由*D*、*F*分别向两灭点连接互交过*C*的铅垂线于*G*，即求得立方体30°、60°的透视。

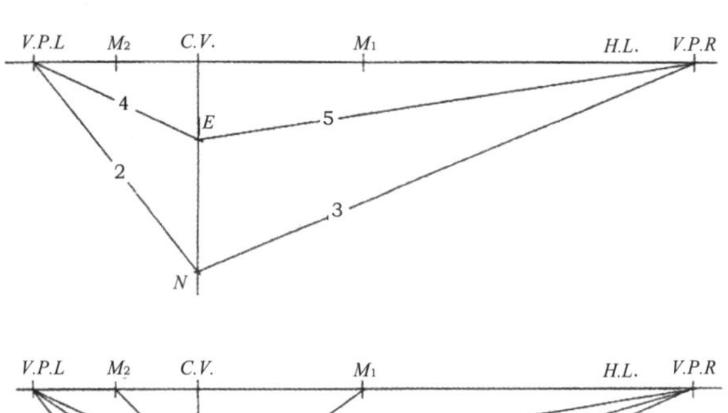

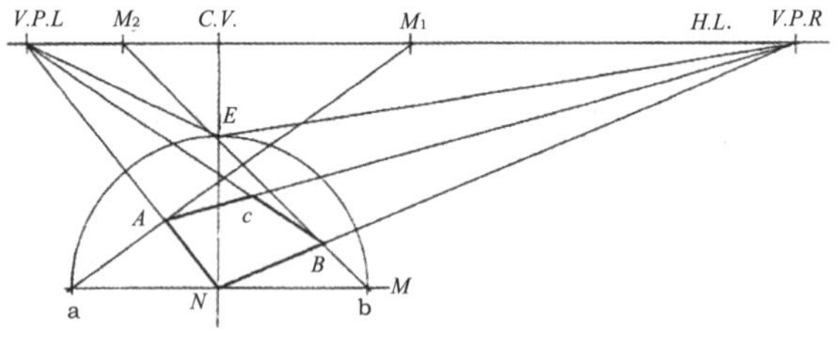

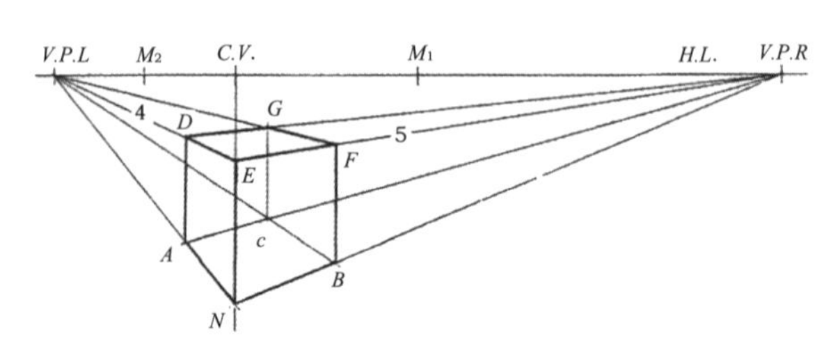

图2-20　30°、60° 简捷量点两点透视画法

二、透视网格作图法

透视网格法（也称方格法或图板法）是根据网格坐标对应的方法求物体透视的作图法。

透视网格法为效果图中常用的方法，特别适用外形复杂的产品，在已知产品视图和尺寸的情况下，尤为实用。其作法如下：

（1）先将产品视图作一外切立方体，并以正方形为单位作等分分割［图2-21（a）］。

（2）作该立方体的透视和相应的网格；根据坐标对应的方法，在透视网格上求出视图上各点的位置，并连线画出产品轮廓形状［图2-21（b）、（c）］。

（3）画出产品细部的透视形状即完成该产品的透视作图［图2-21（d）］。

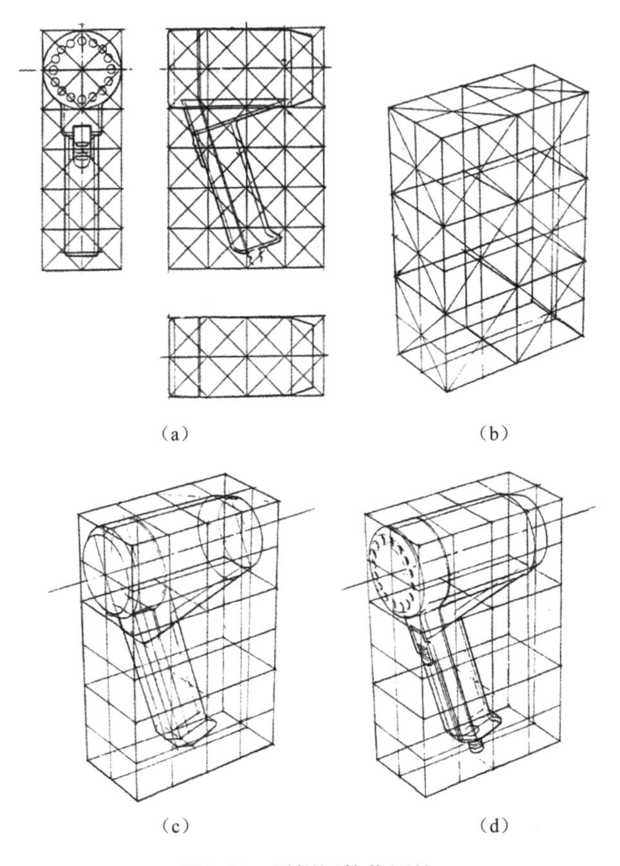

图2-21　透视网格作图法

三、立方体的透视分割与倍增

对已求得的立方体透视进行分割或倍增，可作出透视网络，即可按坐标对应的方法画出产品的透视图形。立方体透视的分割或倍增可以按照对角线的方法进行，如图2-22所示。

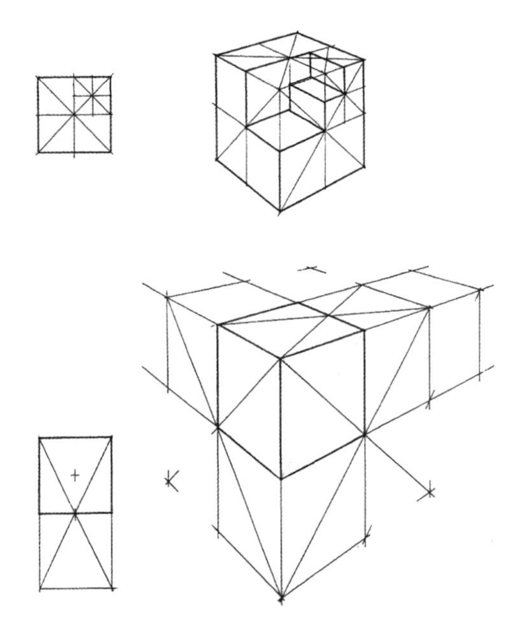

图2-22 立方体透视的分割和倍增

思考题

1. 为什么在产品的设计表现中要用透视的表现技法？
2. 常用的透视有哪几种？在产品设计中哪种表现效果最好？
3. 练习透视图的快速表现方法。
4. 利用网格法绘制产品的透视图。

第三章 产品设计草图的表现技法

第一节 产品设计草图的表现形式

工业设计的产品开发设计是一个从无到有，从想象到现实的过程，这一过程，最终要由一个看得见的形象展现在人们的面前。优秀的工业设计师以清晰的设计表现图，将头脑中一闪而过的设计构思，迅速、清晰地表现在纸上，展示给有关生产、销售等各类专业人员，以此为基础进行协调沟通设计思路、设计结果，并争取得到最优解决问题的产品设计方案。

产品设计草图就是在设计过程中，设计师把头脑中抽象的思考变为具象形态时需要迅速地将构思、想法记录或表达出来的一种快速表现手法。它不仅是一种表达和记录的功能，而且是设计师对其设计的对象进行构思和推敲的过程。所以，设计草图上会出现文字的注释、尺寸的标注、色彩方案的推敲、结构的展示等。它是设计师对设计对象进行理解和推敲的过程。设计草图实际上也是设计师将自己的想法，由抽象变为具象的一个十分重要的创造过程。正是草图实现了抽象思考到图解思考的过渡，设计草图对于整个设计的成败就显得十分重要。

好的构思在头脑中会稍纵即逝，所以要求设计师必须具备十分快速和准确的表达能力，以便及时记录一些好的想法。记录只是设计草图的一种功能，更重要的功能是设计师对设计对象的理解和推敲，这些都要求设计师把握设计对象整个的形态和细节，所以，设计草图必须准确、具体，这样才能为设计的推敲起到一个良好的促进作用。

一、产品设计草图的要求

产品设计草图是运用结构素描与产品速写的技法，简练而准确地表达产品结构与形态的基本图样。它作为现代工业产品造型设计的一种专用语言，不同于传统的绘画素描和速写。它是在多方位、多层次观察和表现形体的同时，更深一层的认识形体结构、技术条件等多方面的客观因素，从而将表现与设计统一在一个整体中。因此，产品设计草图较之绘画素描和速写更具有客观性、技术性和科学性。在绘制产品设计草图时要做到以下几点：

（1）透视比例要准确，以便明确展示出产品的比例、尺度等信息。

（2）要抓住设计对象的特征和结构特点加以表现，设计草图是为了展示产品设计意图的，必须对所展示的形象进行归纳，提炼出设计中最富特点的形象予以表达。

（3）为了快速记录所思所想的设计灵感，必须运用记忆、默写紧密结合的方式，要善于事后整理，巩固设计构思成果。

（4）设计草图的线条不仅代表产品的形态特征，也代表设计师对产品的理解和创新，因此，用笔要刚劲有力、刚柔兼备、肯定明确。

（5）产品的形态转折、结构连接都是由基本线条构成的，因此，力求用线准确无疑，将来龙去脉交代清楚。

（6）设计草图的核心目的是要快速记录和表达，因此，在绘制时不能拘泥于细节，而是要高度概括、去粗取精。

（7）在设计表现的不同阶段，设计表现的目的不同，因而采取的设计表现技法也不同，使用的工具和材料也会有所区别，因此，设计师要善于运用各种不同的工具表现不同的风格。

二、设计草图的作用

设计草图是设计师在设计构思展开阶段抓住产品的形态、创意、特征，以最快捷、最简练的手法绘制的用于设计交流的徒手画稿。它实现了从抽象的思考到图解思考的过渡。它便于表达设计师对产品形象的设想，记录和捕捉瞬间即逝的灵感，它既是设计师对其设计对象进行推敲、理解的过程也是体现设计思路发生、发展、成熟整个过程的有效手段。从某种意义上讲，设计草图的数量和质量是产品设计成败的关键所在。设计草图不仅在工业设计领域，而且在建筑设计、环艺设计、视觉传达设计及机械设计等领域都是设计师必需的技能。

设计草图的重要作用体现在以下三个方面。

1. 传达作用

设计图形是传达设计构思的最有效形式，而设计草图以它的快速性和灵活性特点，比其他任何一种图样（工程图样、效果图）都更方便地传达产品的各种视觉因素。在产品设计的初期，设计者的构思大量涌现，设计草图就是要将这些构思方案具象化的最快捷有效的方法。

2. 创造作用

产品的设计构思过程也是一个创新的过程，而设计草图始终伴随这一过程。当前一个形象的出现就有可能引发另一个不同形象的出现。通过这一连续的引发，产品的各种方案便在比较推敲和修改中不断诞生。在这个过程中，设计草图起着引发思考和促进创造的作用。

3. 记录作用

随着新技术的发展及人们审美需求的不断变化，现代工业产品的造型形态日新月异，同时也在快速迭代更新，消费者总是希望一个产品能以最新的品质和款式展现在他们面前。因此，工业设计师不仅要善于发现优秀的产品造型形象，同时，还要有一定的手段把它们记录下来，从而积累设计素材，丰富自己的设计思想。产品设计草图就是记录和收集设计资料最有效的手段。

三、设计草图的表现形式

1. 线描表现形式

线描表现形式是设计草图中运用最为普遍的一种，使用工具也很简单，如铅笔、钢笔、针管笔等。线描表现形式主要是用线条来表现产品的基本特征，如形体的轮廓、转折、虚实、比例及质感等，这一切通过控制线条的粗细、浓淡、疏密、曲直来完成，以达到需要的表现效果。在表现产品的外观结构时，运笔线条要流畅，不要出现“碎笔”和“断笔”现象。图3-1所示为吸尘器线描草图，图3-2所示为清洁用品线描草图。

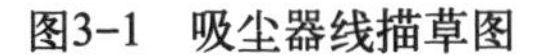

图3-1　吸尘器线描草图

图3-2　清洁用品线描草图

2. 线面结合表现形式

线面结合是以单线条与部分阴影面结合的方式进行表现。用线面结合表现形式画法勾线时，要考虑物体的哪些部分需要用面来表现，如形体的转折、暗部、阴影等；用不同的线型或面来表现出产品结构的不同部位，如用较粗的线或面表现轮廓和暗部，用较细的线来表现产品的结构和亮部；也可以用大小疏密不同的点来表现材质或形体的过渡变化。这种线面结合的形式除能表现线的变化外，还能表现物体的空间感和层次感，使画面生动而富有变化。图3-3所示为摩托车线面结合草图，图3-4所示为运动鞋线面结合草图。

图3-3 摩托车线面结合草图

图3-4 运动鞋线面结合草图

3. 淡彩表现形式

淡彩表现形式是结合以上两种方法，并以概括性的色彩来表现产品的色调特性。通常是在单线勾画出形体后，用彩色铅笔或马克笔对形体的色彩和明暗关系进行刻画。这种表现形式较前两种表现形式而言更能表现出产品的形态、色彩，从而获得更好的表现力。图3-5～图3-9所示为产品设计淡彩草图。

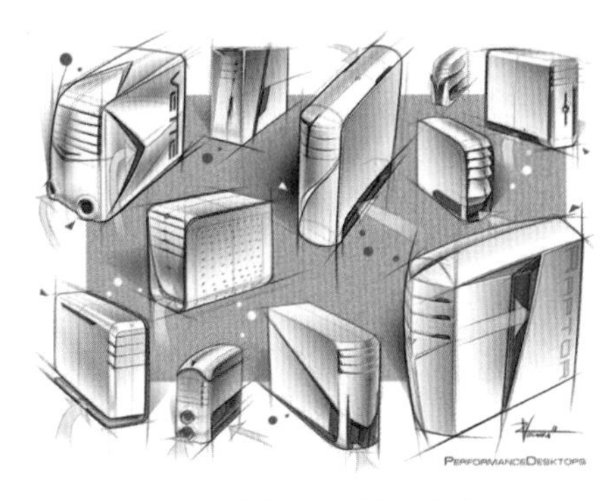

图3-5　计算机机箱淡彩草图

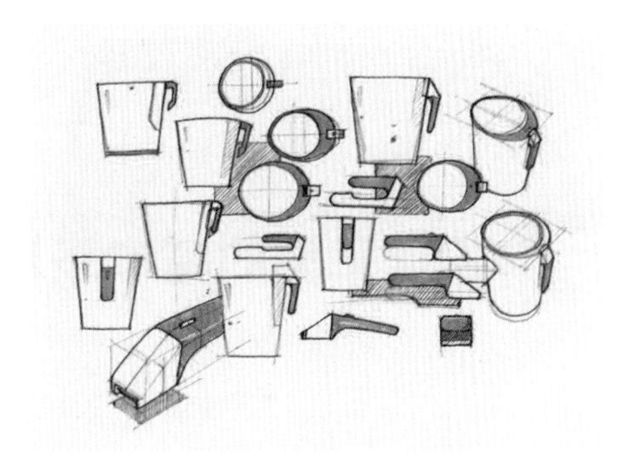

图3-6　饮水用具淡彩草图

图3-7　电动工具淡彩草图

图3-8　汽车设计淡彩草图

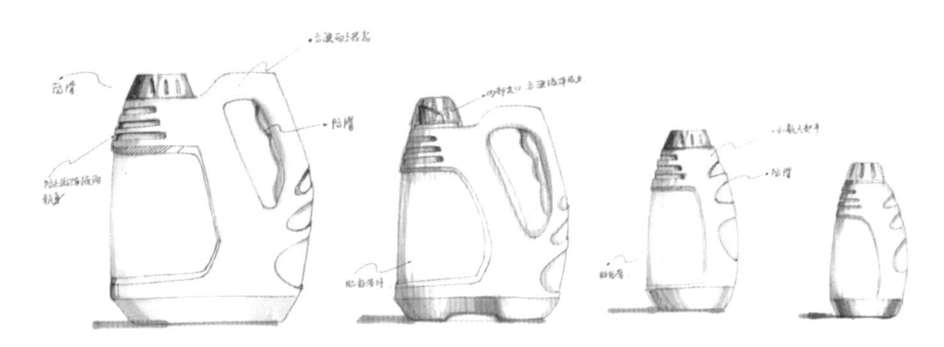

图3-9　洗涤用品包装设计淡彩草图

在创意设计草图绘制阶段，需要设计师能够快速地捕捉到设计灵感，并将思路表现出来。在这个阶段主要的表现可以是单线条的速写，也可以是线、面色彩搭配的表现形式。无论采用哪种方式，都力求快速、准确的表现，一气呵成。

第二节 设计草图的基本表现技法

一、绘制工具与材料

1. 笔类

根据设计表现图形式的不同，所使用的工具也不同，在产品设计草图表现中常用的笔有以下几种：

（1）铅笔、炭笔、炭精条：有绘制工程图样所使用的不同软硬铅芯的专用绘图铅笔；有在绘制效果图时配合各种色彩用的彩色铅笔；还有用于素描训练的素描铅笔和炭精条等。有多种软硬、深浅不同的类型，一般设计速写用H～6B就可以表现出形体结构和明暗变化。炭笔色泽深黑，用炭笔画出的速写明暗对比强烈，线条明暗变化丰富，但初学者较难掌握。炭精条色泽很深，一般有黑色和棕色，炭精条形状一般为方形条状，用菱角可画出较细的线条，对画明暗块面表现效果强，果断有力，初学者不易掌握（图3-10、图3-11）。

图3-10 铅笔、炭画铅笔及画线效果

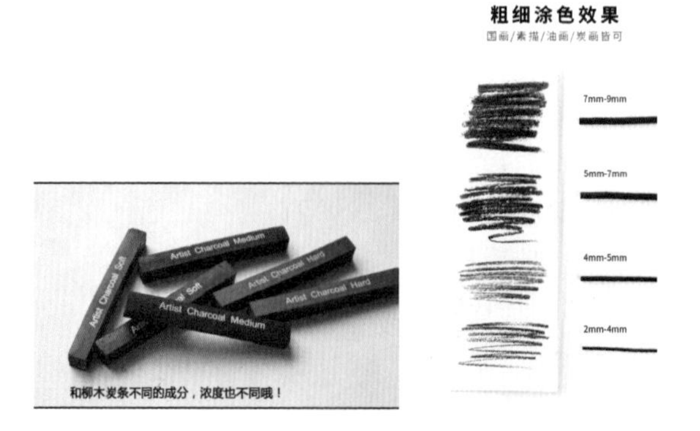

图3-11 炭精条及画线效果

（2）钢笔。钢笔是用于绘制设计草图的刻画效果图细部的速写钢笔（图3-12）、针管笔（图3-13）等。其中，速写钢笔是笔尖经过加工改造后的一种专用钢笔。其特点是绘制出的线形可以有粗细变化，有利于表现形体的线面和层次关系。针管笔具有粗细不同的各种型号，能够表现出不同粗细、明暗的线条效果，是一种专用的绘图和描图钢笔。

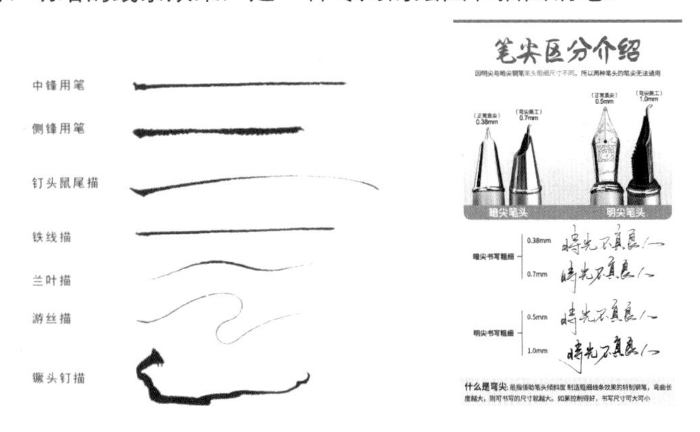

图3-12　速写钢笔及画线效果

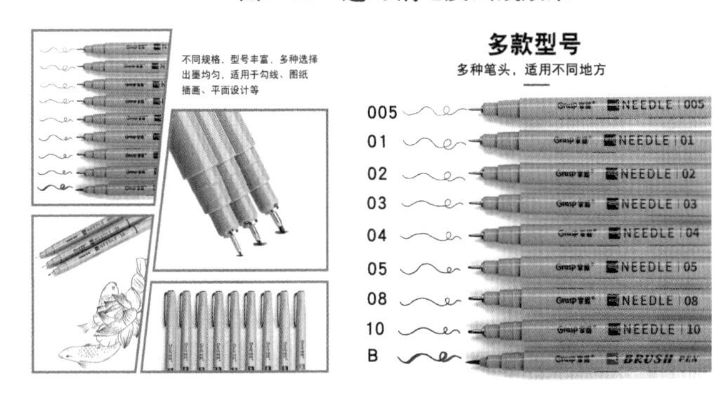

图3-13　针管笔及画线效果

（3）马克笔。马克笔是目前普遍使用的一种专门绘制产品色彩线条的工具。马克笔的笔芯有存储油性颜料和水性颜料等类型，笔尖可分为尖头、扁头等，具有使用方便、色泽鲜艳等优点，可以绘制出具有丰富变化效果的色彩线条。图3-14所示为马克笔及画线效果。

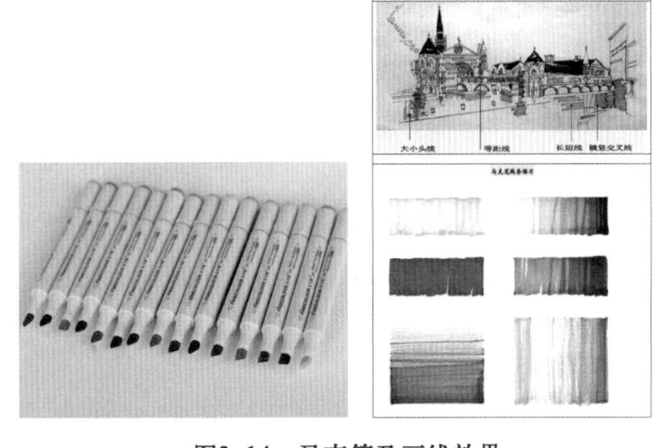

图3-14　马克笔及画线效果

（4）毛笔。毛笔是目前较为经济实用的画线工具。毛笔主要包括白云笔、叶筋笔和衣纹笔。由于毛笔笔尖较软，在画线过程中，可以通过作者在运笔过程中的轻重、缓急、顿挫等画出不同的线条特征，同时利用中锋、侧锋的表现，可使线条有丰富的宽窄变化及体积、块面变化，产生粗细变化的线型特征。图3-15所示为毛笔及画线效果。

图3-15　毛笔及画线效果

2. 纸张

设计草图用纸一般不像画调子素描、效果图那样要求高，作者可以根据客观对象的具体特点及主观感受任意选用不同特点的纸张，如绘图纸、素描纸、水彩纸、水粉纸、各种色纸、白卡纸、灰卡纸、白板纸、新闻纸、宣纸、复印纸等，均可作为设计草图用纸。总之，各种纸张都有自己的特点，作者应善于利用纸的特点去发挥它的特性，将纸张与各种笔的特点结合，探索其表现效果。图3-16所示为素描纸及卡纸。

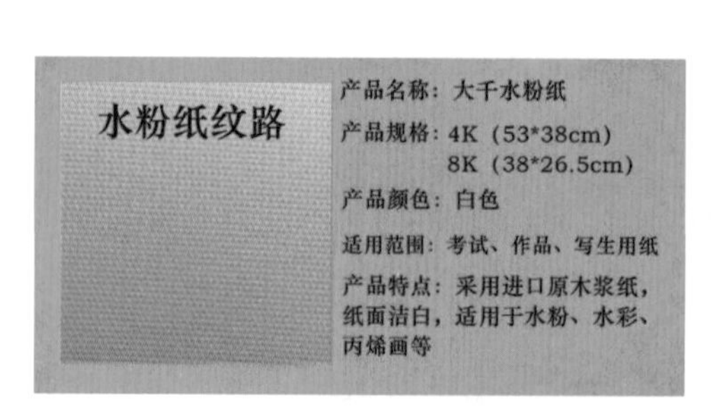

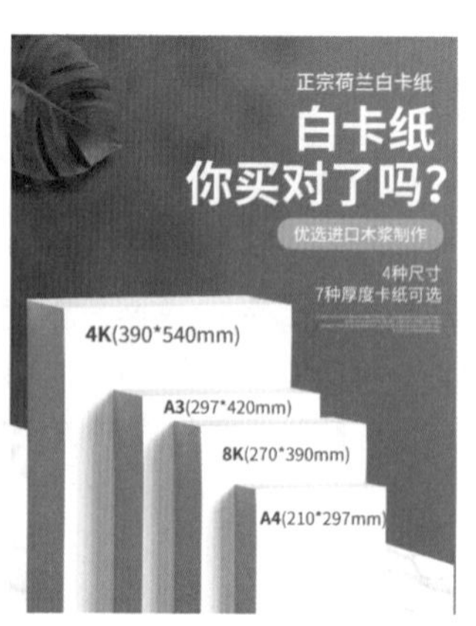

图3-16　素描纸及卡纸

3. 颜料

颜料主要用于绘制产品淡彩草图，包括以下几种常用颜料：

（1）水彩。水彩具有质地细腻和透明度强的特点，但覆盖性差，用色时应先浅后深。

（2）水粉。水粉色彩鲜艳，覆盖能力强，不透明，色调的干与湿变化较大。因此，使用同一色调时，要一次调和成功。

（3）丙烯色。丙烯色是近年来新出现的一种实用性很强的颜料，它既能溶于水，又能溶于油，并且有薄、厚两种画法。薄画时可以像水彩一样具有透明度；厚画时又能像水粉一样具有很强的覆盖率。

（4）透明水色。透明水色包括彩色墨水和照相色。其特点是色泽鲜艳、明快、质地细腻。由于其吸附能力强而覆盖能力差，修改困难，所以，在用色时要格外小心谨慎。

（5）色粉画棒。色粉画棒是一种固体颜料。它具有使用方便、作画简单的特点，并且容易表现形体的不同层次，一般刮削成粉状使用。

二、设计草图表现基础

设计草图多用线条的形式进行表现，所以，要掌握好设计草图的表现技法，必须首先从线条的绘制入手。最好从画各种不同形式的线条及各种变化的线条组合入手。在训练过程中，首先可以使手部运作灵活；其次是对所画的各种线条的外在特征把握；最后是对所画线条产生某种心理感受及认知。

线条有长短、粗细、曲直、轻重、起伏、刚柔、强弱等多种变化形式（图3-17～图3-24）。初学者可以将每一种具有个性特征的线条单独练习，然后再把不同个性特征的线条组合起来练习，探索其对比所产生的视觉效果。

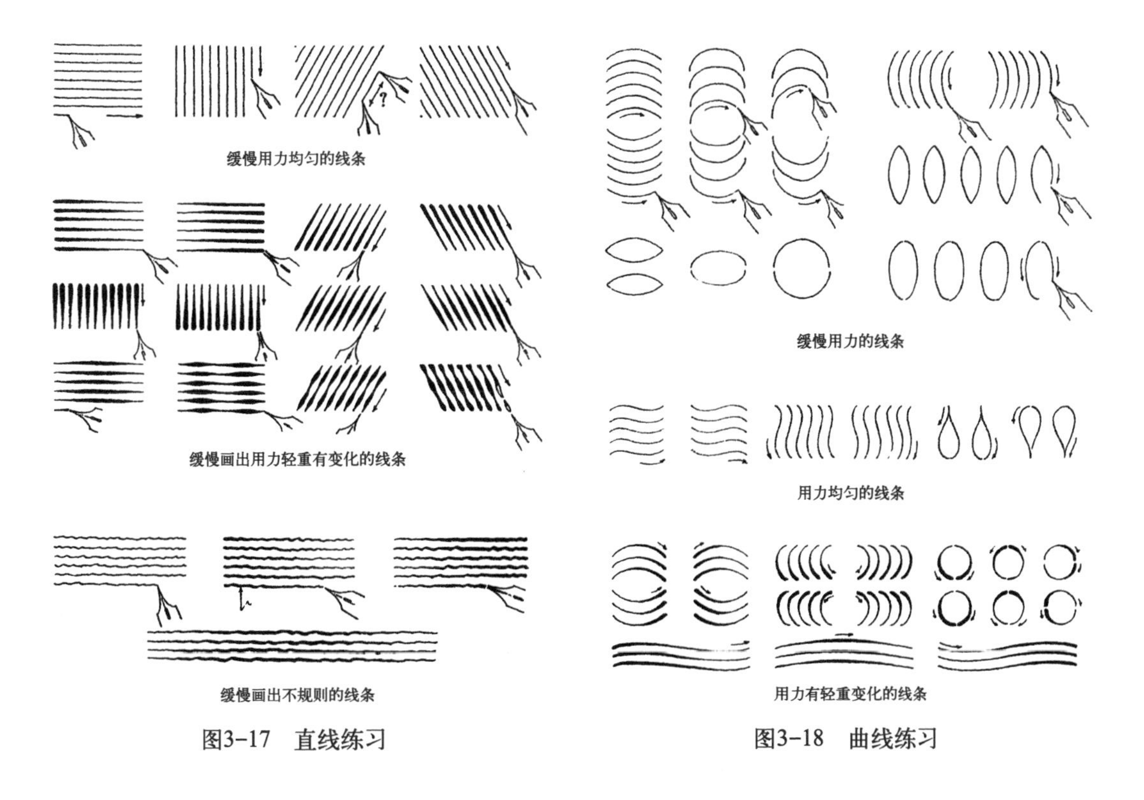

图3-17　直线练习　　图3-18　曲线练习

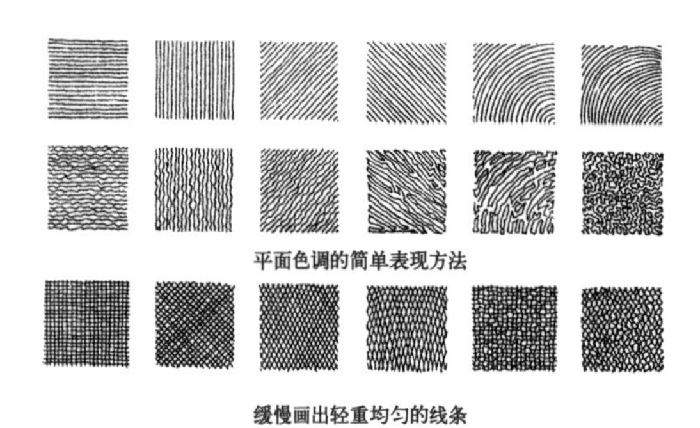

平面色调的简单表现方法

缓慢画出轻重均匀的线条

快速画出流畅的线条

图3-19 不同方向线条练习

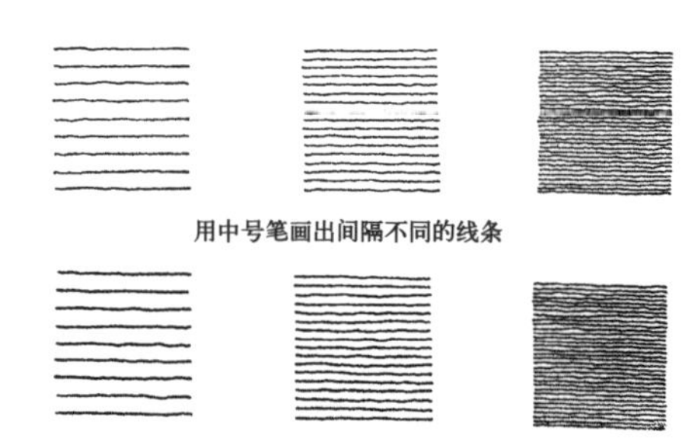

用中号笔画出间隔不同的线条

用粗笔尖画出间隔不同的线条

用不同方向的排线组成色块

用刷子通过纱网获得灰色块

图3-20 肌理练习

明暗色阶排线，用笔、图案练习

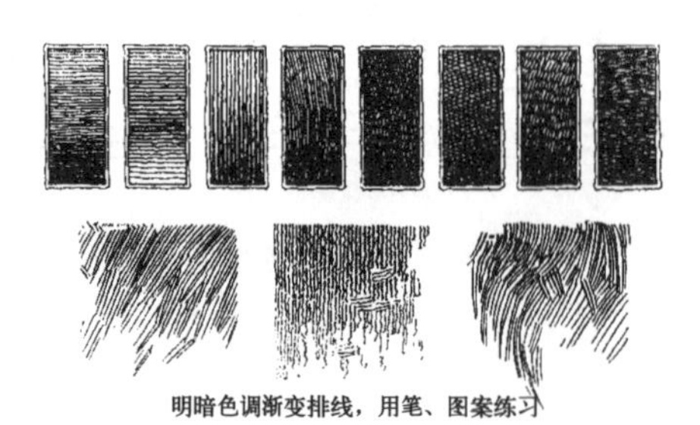

明暗色调渐变排线，用笔、图案练习

图3-21 线条的明暗练习（一）

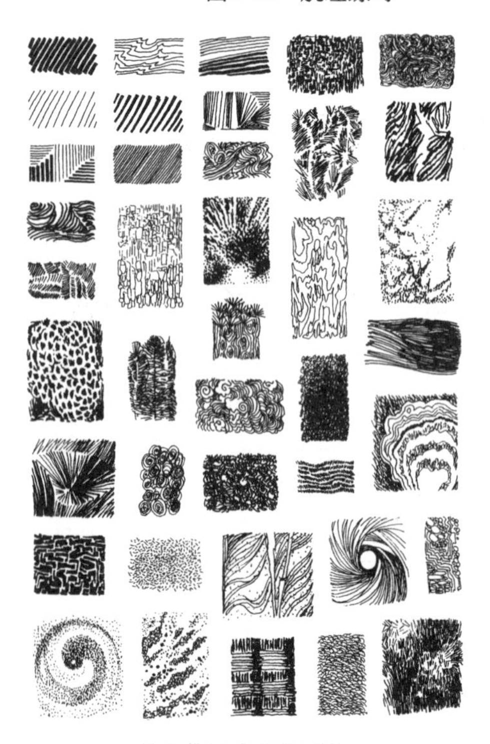

用不同排线组成不同肌理效果

图3-22 线条的明暗练习（二）

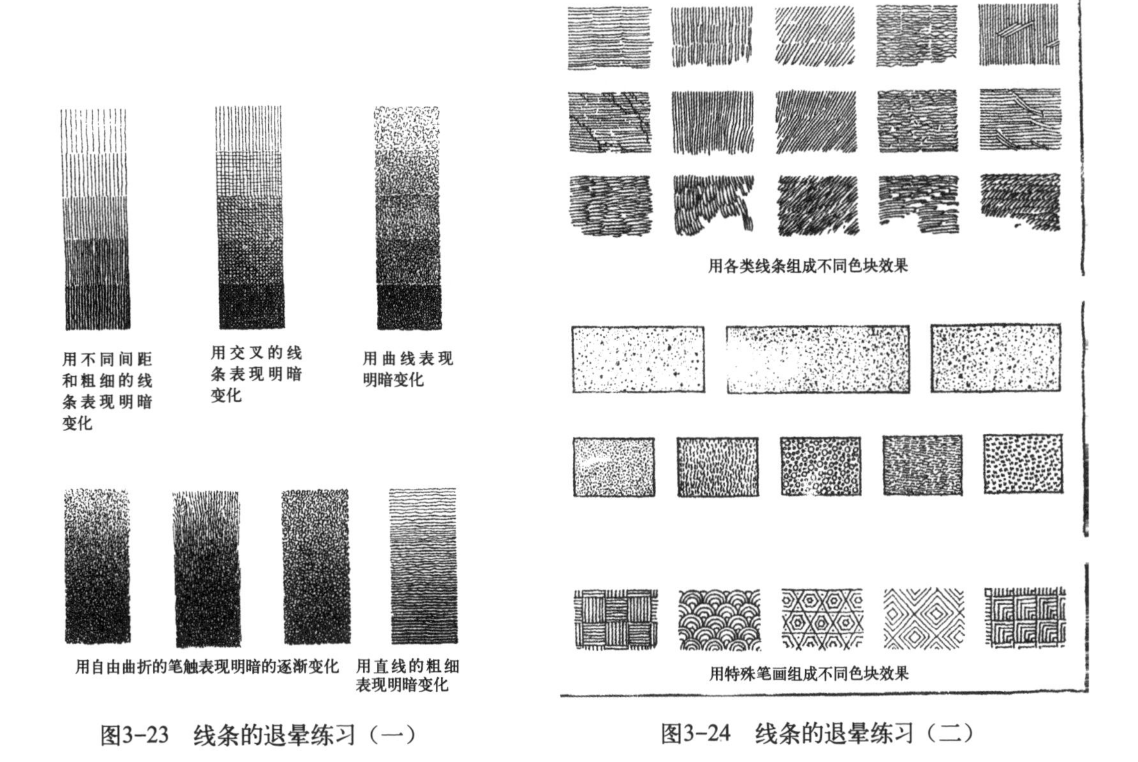

图3-23　线条的退晕练习（一）

图3-24　线条的退晕练习（二）

第三节　设计速写表现技法

设计速写是设计草图表现技法中，基于线描草图发展而来的最具有代表性，最简洁高效的一种产品设计表现技法。因为其主要以单线条的形式对产品形态及结构转折进行表达，形式简洁、概括，表现力强，因而成为在设计初步阶段设计表现的主要方式。

设计速写是设计草图表现的最主要形式，是设计师进行产品设计、建筑环境艺术设计、广告设计搜集素材、记录积累资料的有效手段。

作为工业设计表现技法的重要手段，设计速写要求学生用简练扼要、准确、快速的表现技法，将自己感受到的形象特征、风格个性及结构、细节简要、明确地描绘下来。它是绘画艺术、工业设计锻炼观察力、体验生活、积累素材的一种有效方式，也是培养概括、取舍、去粗取精、去伪存真、提高造型表达技巧的重要手段。

产品速写的工具基本与设计草图工具一致。设计速写对于工具的要求不是太严格，大部分用于设计表现的工具都可以用来进行设计速写的表现。当然，对不同的笔和纸张的使用会对设计速写产生不同的效果。要根据客观对象的特征和作者的感受选择适当的笔和纸作为媒介，表现对象的特征风格，可为作品增加一定的艺术感染力。

产品速写的画法多种多样，灵活多变。按表现形式可分为线描法、明暗法、线面结合法；按描绘方法可分为写生法、记忆法、想象法、临摹法等。

一、线描法

线描法是人类用图形语言描绘客观对象最普遍的一种技法形式。它能以最简洁的轮廓线勾画出形体结构形象特征，实际上也只用线的围合对形状、结构、体积与空间进行概括性的捕捉，是最简洁和有效的图形生成方法。我们从原始洞穴壁画及其他造型艺术中就能感受到这一点。在产品速写中，为了加强对象的主体，根据对象的特征，利用线条的浓淡、粗细、疏密、虚实、曲直等变化，把对象的主要部分用粗线描绘，以突出其特征，把对象的次要部分用细线条描绘作为对比；把处在空间深处的部分用虚线描绘拉开空间距离，以强调空间的虚实和对象的主次关系（图3-25）。

图3-25 线描法速写

线描法根据客观对象的特征和绘画者的感受，既可以用寥寥数笔挥洒自如的线勾画出对象的基本形态，也可以用穿插丰富、密集有致的线条描绘出复杂多样的形体及材料结构，还可以用线的排列组合塑造出对象体积及质量感。

二、明暗法

客观对象受光线照射之后，出现了亮面和暗面的关系。利用光线产生的明暗变化表现形体结构，其画面中所表现对象的立体感非常强烈。明暗法可以说是素描明暗调试画法在产品速写上的概括和简洁体现，它适合表现体量感、光线强的客观物象。在视觉效果方面，因其明暗关系的对比，而具有很强的空间真实感和视觉冲击力。这类速写的表现形式可采用线条的笔触进行表现，有时还借用版画的表现手法，以大的整体的暗面反衬亮面，使亮面暗面的黑白对比很强烈（图3-26）。

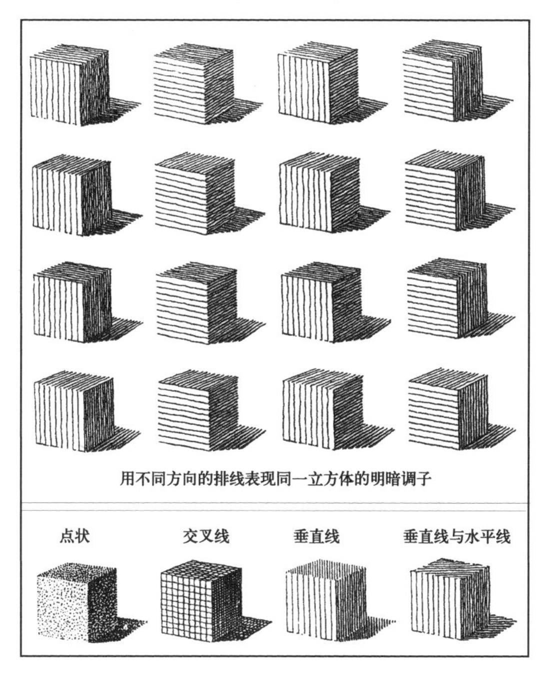

图3-26　明暗法速写

三、线面结合法

用钢笔或铅笔先勾勒出客观对象的轮廓和形体结构，然后对形体结构作概括的明暗光影处理，线面结合可以使形体结构明确结实，变化多样。这种方法既具有流畅的线条表现效果，又具有一定的明暗块面体积感，线面对比，丰富了产品速写的艺术语言，增强了画面的视觉感染力（图3-27）。

在使用线面结合法的速写中，可根据对象的特点和创作者自己的感受对画面进行较多主观性处理，以多种线面结合来营造一幅画面，甚至有时还可以采用“不真实”的装饰手法来进行画面的再创造，如大面积的明暗块面与细密的线条结合，大块面、小块面与长线、曲线结合，细线排列的面与疏的线结合等均可产生丰富感。线面结合法明暗不一定统一，线条时有时无、时实时虚，造成丰富多变的视觉效果。线面结合法就是以这种多变的表现优势成为产品素描最常用的技法之一。

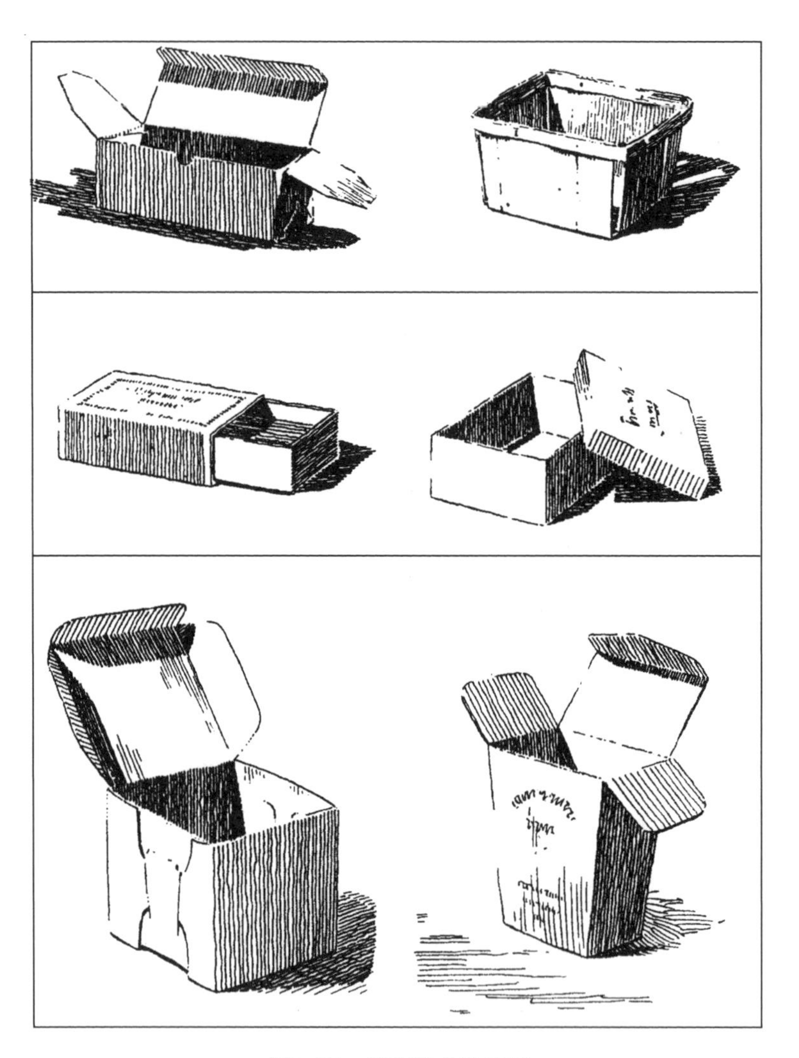

图3-27 线面结合法速写

思考题

1. 设计草图表现的主要特征是什么？
2. 设计草图表现的主要形式有哪些？
3. 为什么设计速写是设计草图表现的最重要的方法？
4. 进行设计草图表现的基础技法练习。
5. 进行不同类型产品的速写练习。

第四章　产品设计效果图表现

第一节　产品设计效果图表现概述

一、产品设计效果图的基本概念

产品设计效果图是设计表现技法的重要形式之一。产品设计效果图以透视为基本原理，以平面图形的形式实现对产品视觉形象的综合表现，着重强调产品的形态、结构、材质、色彩、使用环境气氛等预想效果，所以，也称为产品设计预想图。图4–1所示为汽车设计效果图。

产品设计效果图是设计师最常采用的专业语言之一。熟练的效果图绘制技能是优秀设计师的专业素质的一个重要方面。

二、产品设计效果图的基本特征

产品设计效果图作为设计表现的重要手段之一，具有以下特点。

1. 说明性

产品设计效果图对产品造型的形态、结构、材质、色彩、使用环境气氛等做全面而深入的表现，能真切、具体、完整地说明设计创意。在视觉感受上建立起设计者与他人进行沟通和交流的渠道。

图4-1　汽车设计效果图

2. 启发性

产品设计效果图不但可以表现产品的形态、结构、材质、色彩、使用环境气氛等可视的外部特征，而且对产品的形态个性、韵味、使用状态及人机环境气氛做相应的表现，使人们联想到未来产品的使用状况。

3. 广泛性

产品设计效果图是根据人的视觉规律在平面上再现立体物像的图形，因而比工程图更直观和具体。观者不受职业等的限制，皆可一目了然地了解产品设计方案的特点。因而，设计方案可以获得更多不同人群的认知和理解，从而获得更加广泛的传达效果。

4. 简捷性

在产品设计过程中，设计师往往要在短时间内提出多种设计方案以供选择和发展。准确、迅速而美观的效果图比费时费工的模型制作要经济、简捷得多，从而具有更高的效率。

5. 局限性

产品设计效果图的局限性在于它终究是在平面上来描绘产品的立体形像，故只能表现产品某一个或几个特定的角度和方向，而且常因视点、角度选择不当而使物像变形失真或错误地传达信息，因此，在设计最终的定案阶段，产品设计平面效果图不及立体模型那样能具体、全面而精确地反映设计意图。

在产品的开发设计中，往往不可能对实物进行临摹写生，只能借助于绘画的表现规律来描绘设想中的产品。掌握和熟悉这些基本规律与要素对专业设计师是十分重要的。即使对于没有受过专门绘画训练的工程技术人员，只要学习和掌握了这些规律，通过实践和练习，也可以做出满足要求的产品效果图。

三、产品设计效果图的主要功能

产品设计效果图的作用是以最简便、迅速的方法和平面表现形式，表达出设计师对产品造型的设想，这项工作需要工业设计师具有敏捷的思维能力，丰富的实践经验与准确的效果图表现力。产品设计效果图的功能主要如下：

（1）在设计过程中，采用二维的方法绘制效果图的表现技法，比语言和文字说明更明了、直接，比制作成模型迅速、方便，是一种非常高效的表现方法。

（2）将设计师头脑中模糊不清的设计构想进行形象化的展示，借此进一步研究、推敲、修改完善。这一过程是一种以视觉为媒介的信息交流与反馈，是构成完善构思的重要手段。

（3）现代设计是一种群体活动，其构思的新设计方案需通过具体表现在特定的媒体上以供合作者讨论、交流，供领导、业主评价、审定。设计表现效果图不仅是对产品形态的确定，更为重要的是对设计的重点信息加以说明。

第二节　产品设计效果图表现基础

一、基本工具

1. 绘图用具

绘图用具包括绘图铅笔、自动铅笔、针管笔、签字笔、彩色水笔、马克笔、高光笔、荧光笔、毛笔、喷笔、排笔、水彩画笔、鸭嘴笔、蘸水笔等。

不同类型的设计工具在绘制产品效果图时会有不同的表现特征，具体如下：

（1）绘图铅笔、自动铅笔、针管笔（图4-2）、签字笔（图4-3）是画设计初稿时，运用最普遍的画线工具；

（2）彩色水笔（图4-4）、马克笔、毛笔多用于描绘、着色；

（3）高光笔、鸭嘴笔（图4-5）用于细部描绘、勾勒和刻画，画物体的高光部位；

（4）排笔（图4-6）、喷笔（图4-7）用于涂背景，大面积着色。

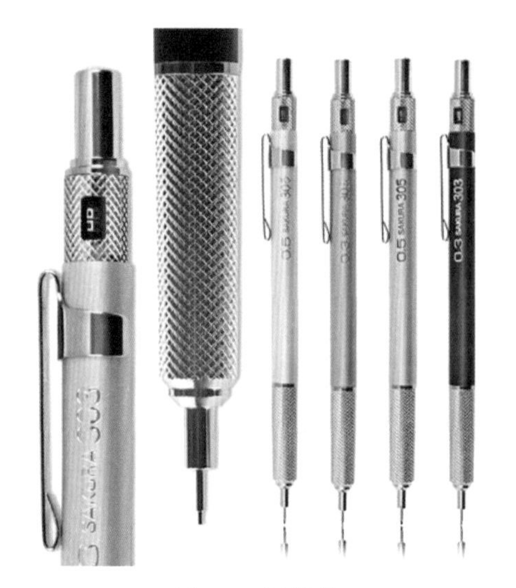

图4-2　针管笔

图4-3　签字笔

图4-4　彩色水笔及工具

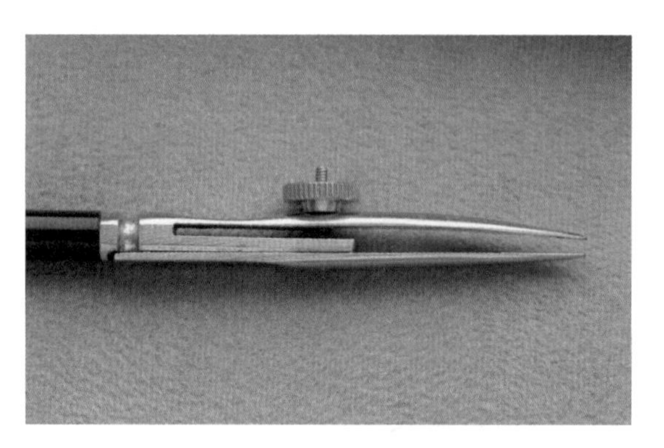

图4-5　鸭嘴笔

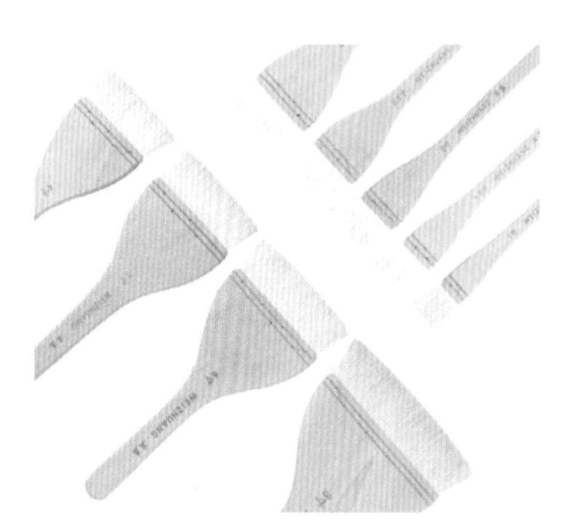

图4-6　排笔

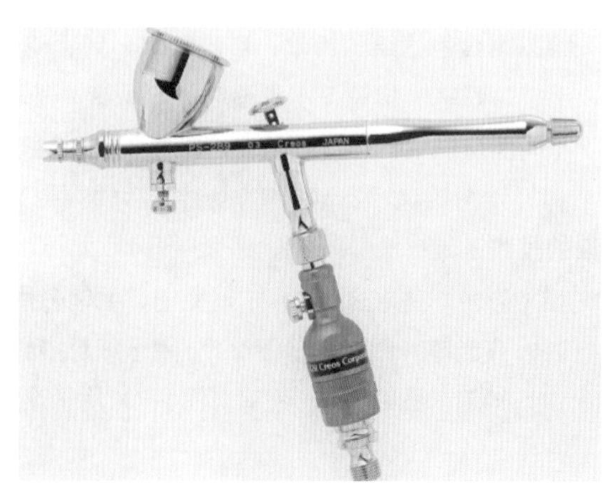

图4-7　喷笔

2. 绘图仪器

产品设计效果图绘图用的工具仪器，宜选用正确、精密、优质产品，误差小为好的绘图仪器。

图4-8 绘图工具包及曲线尺

绘图工具包括直尺、丁字尺、曲线尺（图4-8）、卷尺、放大尺、比例尺、三角板、界尺、切割用的直尺、万能绘图仪、大圆规、蛇形尺（图4-9）等。

界尺的制作与使用。在400～500 mm有机玻璃直尺上用熔剂（三氯甲烷或四氯甲烷）粘结另一条有机玻璃直尺，或在有机玻璃直尺上用划刀刻出深为1～2 mm 的直槽，注意务必使导尺或导槽与界尺的边缘保持平行。利用界尺可以便利地勾画出平直的色线及色块，是效果图中一项重要的技巧。界尺的具体用法如图4-10所示。以大拇指和食指握持着色笔的笔杆，中指及无名指夹住界画棒（以铅笔倒持水彩及油画笔也可），令两者固定在手指间同持筷子的方法，界画棒顶端抵靠在导尺边或导槽里，调整好着色笔接触纸面的宽窄，便可流畅而平行均匀地作画了。

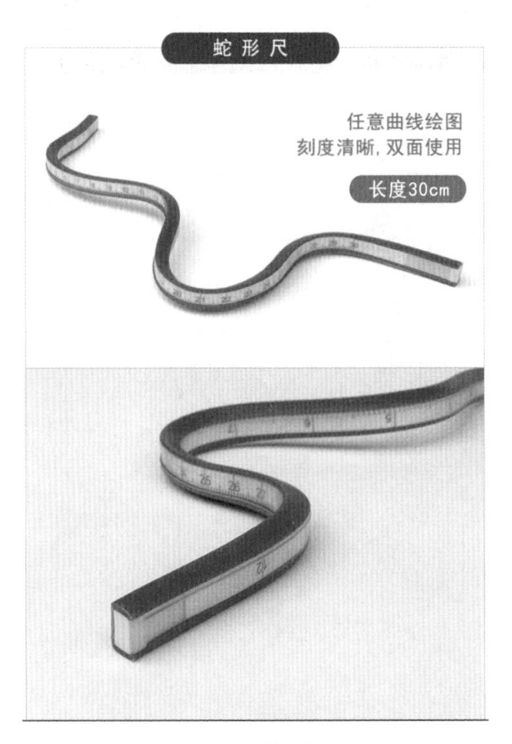

图4-9 蛇形尺

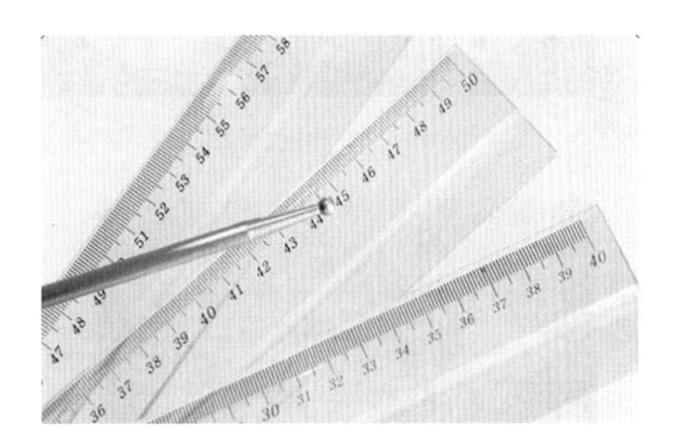

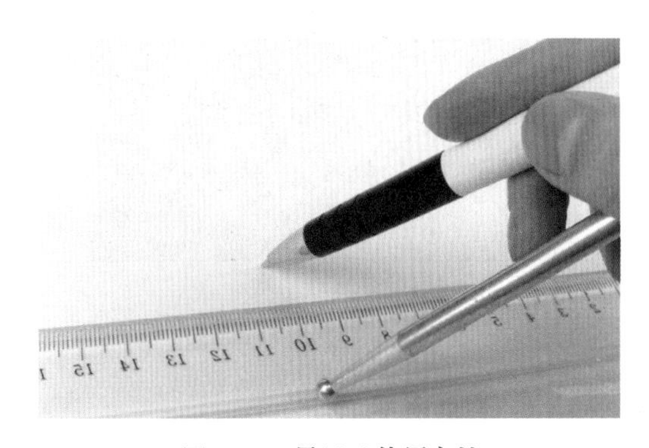

图4-10 界尺及使用方法

3. 其他用具

绘制产品设计效果图还必须准备一些辅助性的工具和材料，如调色盘（图4-11）、碟、笔洗、色标、描图板（图4-12）、制图桌、工具［包括裁纸刀（图4-13），刻模用的各种美工刀和刻刀及胶水、胶带］、遮蔽胶带（图4-14）等。

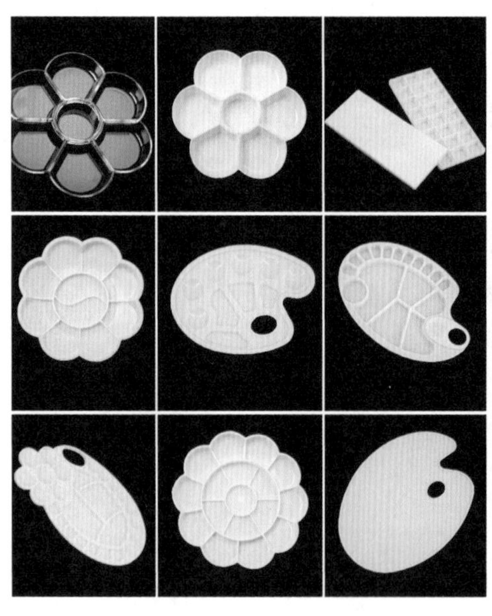

图4-11　调色盘

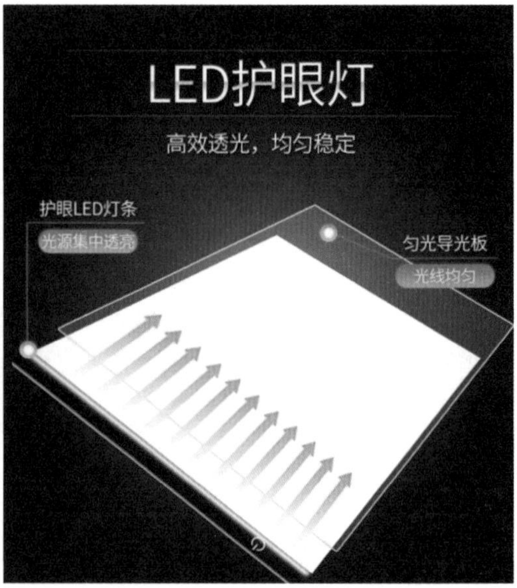

图4-12　描图板

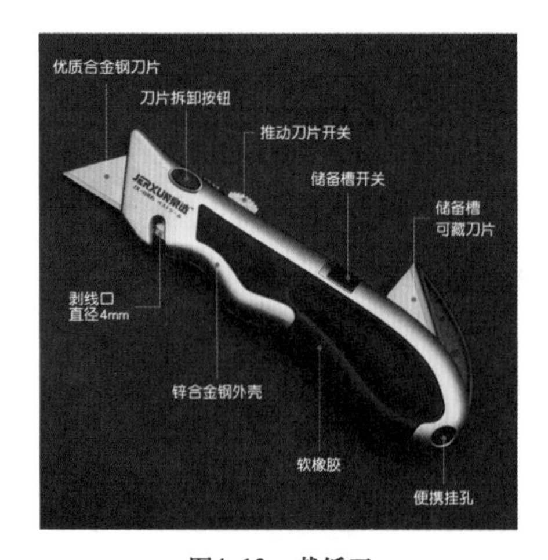

图4-13　裁纸刀

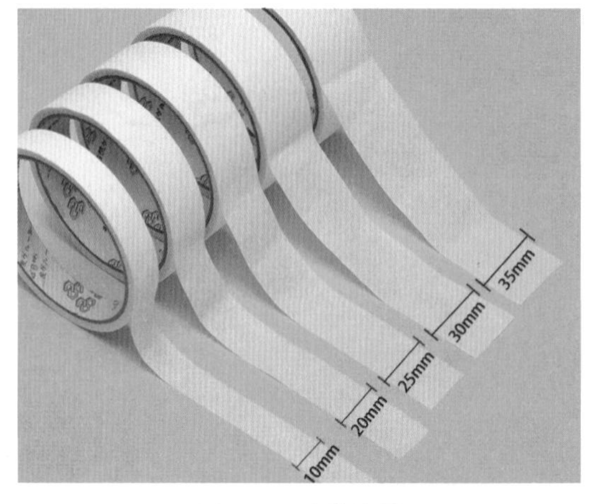

图4-14　遮蔽胶带

二、应用材料

随着工业设计专业和科技的迅速发展，设计材料日新月异，品种繁多，设计工作者只要留意材料的信息，适时恰当地选择材料，并运用到设计中，就可取得事半功倍的效果。产品设计表现效果常用的材料有颜料和纸张两个部分。

1. 颜料

产品设计表现效果图常用的颜料有水彩颜料、水粉颜料、丙烯颜料（广告颜料）、中国画颜料、荧光颜料、彩色墨水、针笔墨水、染料，以及照相透明色等。

2. 纸张

用来绘制产品设计表现效果图的纸特别广泛，一般市面上的各类纸都可以使用。使用时根据自己的需要而定。但是太薄、太软的纸张不宜使用。一般纸张质地较结实的绘图纸，水彩、水粉画纸，白卡纸（双面卡、单面卡），铜版纸和描图纸等均可使用。市面上常见的马克笔纸、插画用的冷压纸及热压纸、合成纸、彩色纸板、转印纸、花样转印纸等，都是绘图的理想纸张。 但是每种纸都需要配合工具的特性而呈现不同的质感，如果选材错误，会造成不必要的困扰，降低绘画速度与表现效果。

三、几种常用材料及绘图表现的特点

1. 水彩颜料

水彩颜料是传统的绘制产品设计效果图的材料，使用最为广泛。水彩颜料调制水分较多色彩明度高，容易表现出产品的材料质感。要简单而迅速地完成产品设计效果图，只需要以线条为主体，再以淡彩的形式展示出产品的色调效果即可，如铅笔淡彩、钢笔淡彩等。水彩可加强产品的透明度，特别是用在玻璃、金属、反光面等透明物体的质感上，透明和反光的物体表面很适合用水彩表现。着色的时候应由浅入深，尽可能避免叠笔，要一气呵成。在涂褐色或墨绿色时，应尽量小心，不要弄污画面（图4-15）。

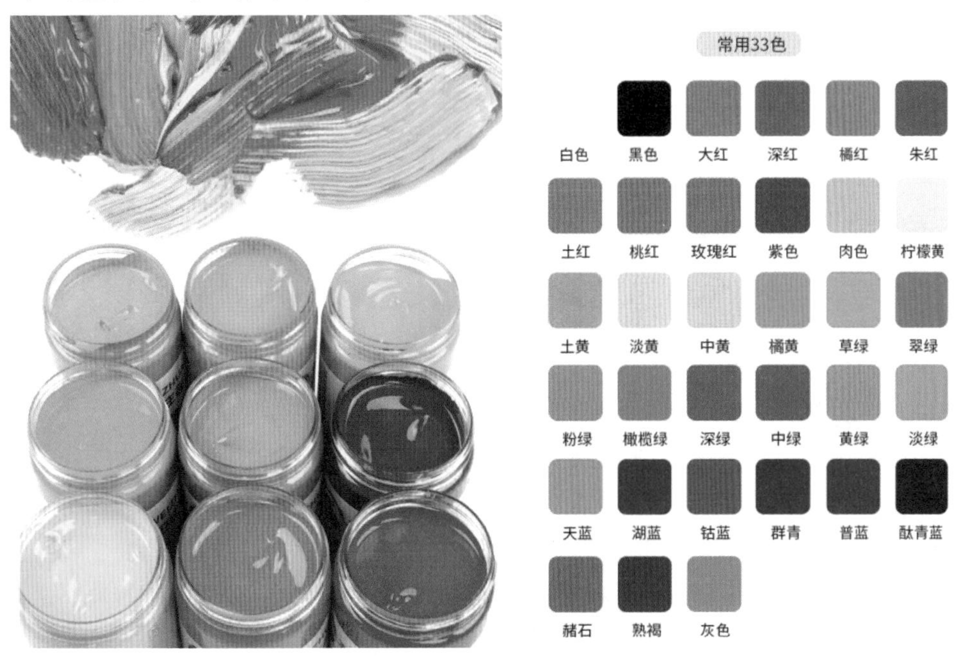

图4-15　水彩颜料及常用33色

2. 水粉颜料

水粉颜料色素纯正，色彩鲜明，不透明，具有很强的覆盖力（图4-16）。因为该颜料色彩饱和度高，在表现产品效果图时，可以比较真实地展示产品的实际色彩感受，同时，该颜料覆盖力强，特别适合初学者学习时的修改和完善。

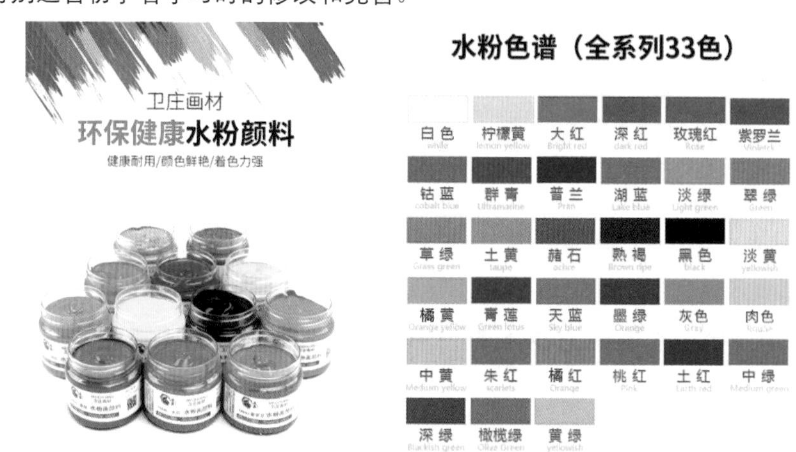

图4-16　水粉颜料及常用33色

3. 丙烯颜料

丙烯颜料即广告颜料具有相当的浓度，遮盖力强，适合较厚的着色方法。使用丙烯颜料时笔道可以重叠。在强调大面积设计，或想要强调原色的强度，或转折面较多情况下，用丙烯颜料最合适。丙烯颜料不要调得过浓或过稀，过浓时带有黏性，难以把笔拖开，颜色层也显得过于干枯以至于开裂，过稀则有损于画面的美感（图4-17）。

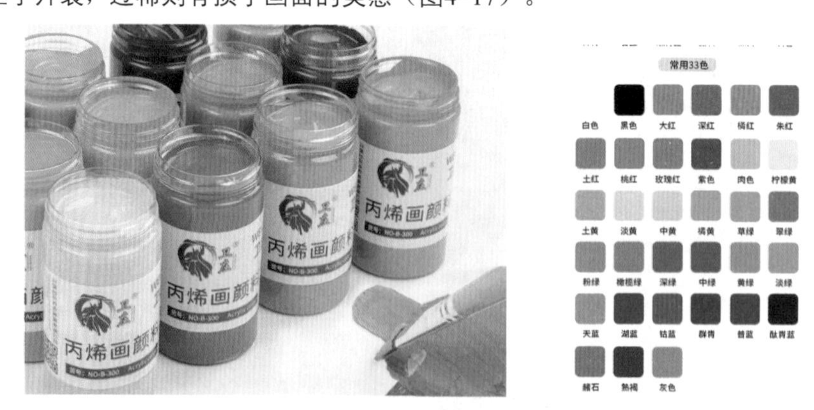

图4-17　丙烯颜料及常用33色

4. 马克笔

马克笔是一种用途广泛的着色工具，每支马克笔都有已经调制好的色彩，可以直接使用。它的优越性在于使用方便，速干，可提高作画速度，它已经成为产品设计、室内装饰设计、服装设计、建筑设计、舞台美术设计等各个领域必备的工具之一。马克笔的样式很多，在此仅介绍两种常用的马克笔。

（1）水性马克笔（图4-18）。水性马克笔没有浸透性，遇水即溶，绘画效果与水彩相同。

笔头形状有四方粗头、尖头、方头等形状。四方粗头、方头适用画大面积色彩与粗线条；尖头适用画细线和细部刻画。

（2）油性马克笔（图4-19）。油性马克笔具有浸透性、挥发较快的特点，通常以甲苯为溶剂。能在任何材料表面上使用，如玻璃、塑胶表面等都可附着，具有广告颜色及印刷色效果。由于它不溶于水，所以，也可以与水性马克笔混合使用，而不破坏水性马克笔的痕迹。马克笔的优点是快干，书写流利，可重叠涂画，更可加盖于各种颜色之上，使之拥有光泽。要根据马克笔油性和水性的浸透情况的不同，在作画时，必须仔细了解纸与笔的性质，相互照应，多加练习，才能得心应手，有显著的效果。

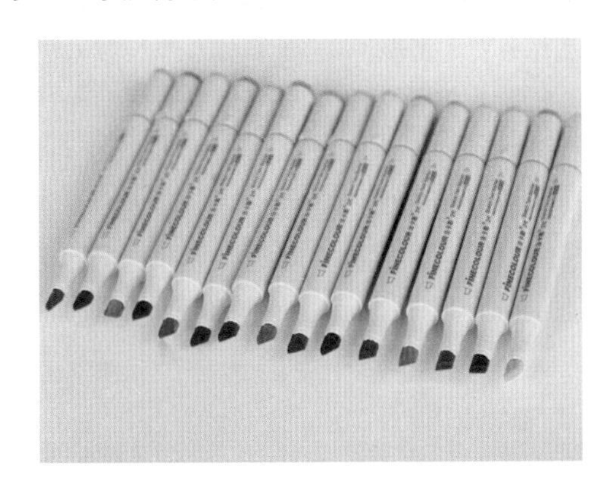

图4-18　水性马克笔及设计表现效果

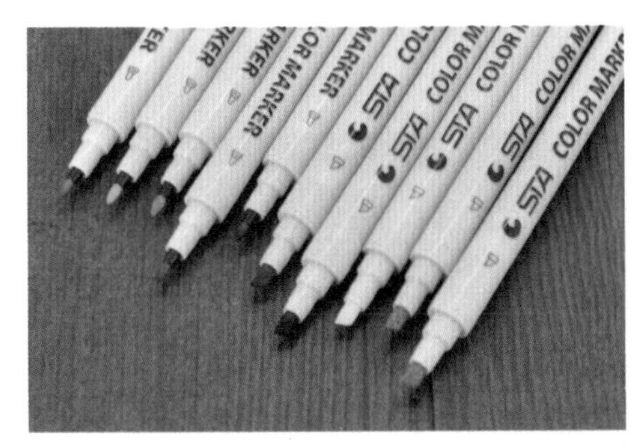

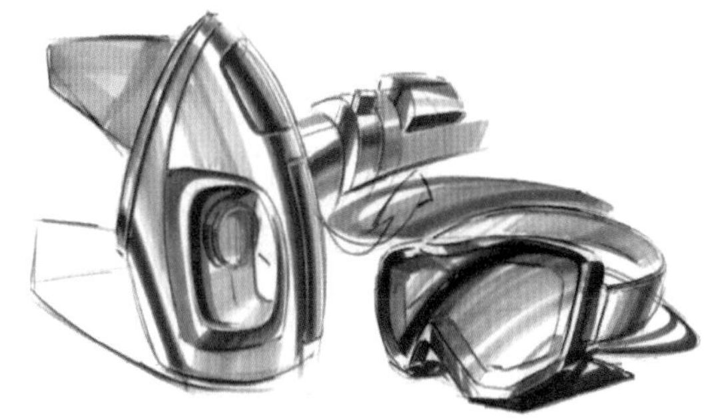

图4-19　油性马克笔及设计表现效果

5. 喷笔

喷笔是一种精密仪器，能制造出十分细致的线条和柔软渐变色彩过渡的效果。在表现产品的弧面光影及明暗变化效果时，真实感特别强烈。喷笔最初的作用是帮助摄影师和画家用作修改画面的。但是很快喷笔的潜在机能被人们所认识，得到了广泛的应用和发展。喷笔的艺术表现力惟妙惟肖，物象的刻画是尽善尽美，独具一格，明暗层次细腻自然，色彩柔和。

随着科学技术的飞速发展，喷笔使用的颜料日趋多样化、专业化。喷笔应用的范围越来越广，已涉足一切与美化人们生活相关的领域，作品显见美术厅、广告招贴、商业插图、封面设计、广告摄影、挂历、建筑画、综合性绘画。一般来说，颜料溶剂调和后，若颗粒比较小，均可作为喷画用的颜料，如图4-20所示。

图4-20 喷笔套装及汽车引擎盖喷绘效果

在使用喷笔绘制产品设计效果图时，要根据每种颜料的特性灵活选用，如黑色等矿物质颜料颗粒较粗，需要研磨以后再使用，如桃红、曙红、玫瑰红等颜色被覆盖力较差，常有泛色现象，喷画时应谨慎使用。墨汁是不透明的黑色颜料，色质细腻均匀，是喷绘黑白作品的上等颜料。彩色墨水的色素由微粒子组成，有独特的光泽和鲜明的色调，透明度好，可补充画面的色彩而不失其的结构清晰，也可与其他颜料混合使用。

随着喷笔的使用越来越多，其颜料日趋专业化，国外已生产出专业的喷笔颜料，备受艺术界的青睐，其艺术语言表达更加完美，更加成熟。

6. 计算机

随着科技的飞速发展，计算机的软硬件已经越来越成熟，在设计表现方面也越来越方便，因为其较真实的表现效果及可以方便修改的特性已经成为一种最新的设计及表现手段（图4-21～图4-23）。

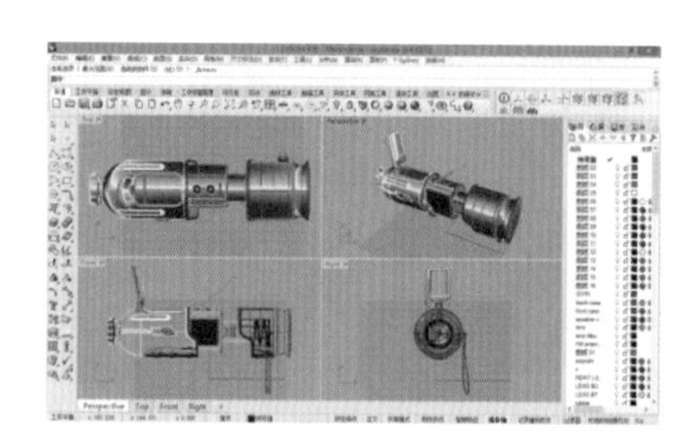
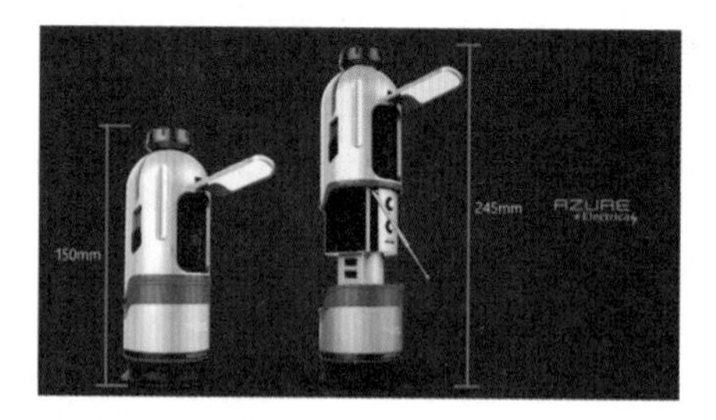

图4-21 户外应急照明设备计算机辅助设计及效果表现

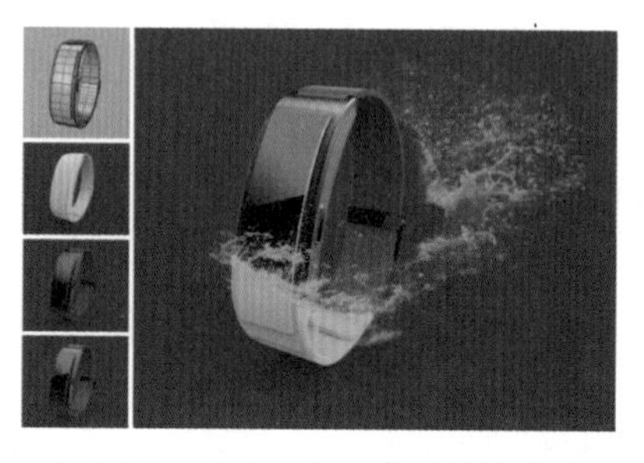

图4-22 智能手环计算机效果表现

图4-23 汽车计算机效果表现

第三节 产品设计效果图表现技法

一、产品设计效果图的光影和明暗表现

根据透视原理画出产品的轮廓之后，还需要依靠光与影、明与暗的对比规律和画法来进一步表现产品的立体感及其外部表面的起伏和凹凸变化。

（一）光与影的基本规律

在客观世界中，光亮和阴影互相对立又互相依存。光源可分为两类：一类是自然光源，如太阳光（图4-24）；另一类是人工光源（图4-25），如灯光。前者是平行光线；后者是辐射光线。在产品设计效果图应用中多采用平行光线。

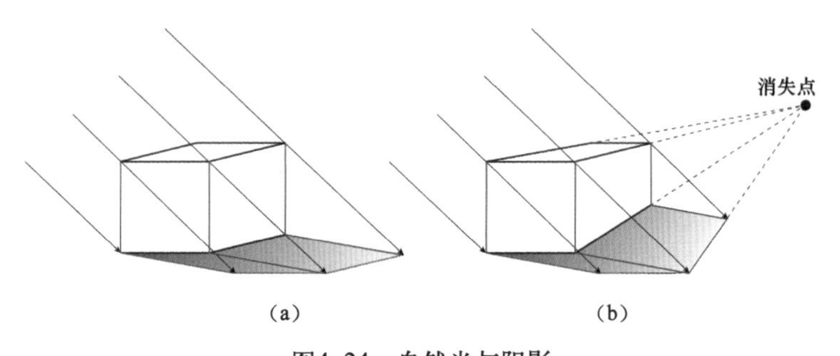

图4-24　自然光与阴影

（a）不考虑透视；（b）考虑透视

阴影对表现物体的立体感十分重要。在透视学中，透视阴影有严格而复杂的几何求法。

在产品设计效果图绘制工作中，为了尽可能多地展示产品的设计信息，画面尺寸都会比较大，因此，如果严格按照透视原理去表达产品的阴影关系，操作难度太大，所以没有必要采用烦琐的画法几何方法去表现产品的阴影，而是根据光影基本规律和现实视觉经验模拟产品的近似阴影就可以满足设计表现的需要了。

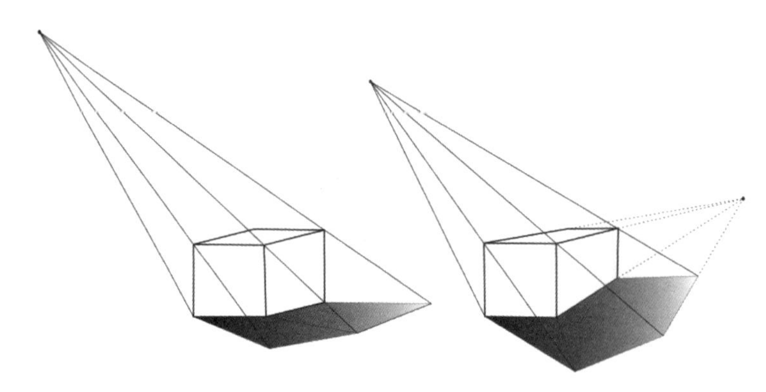

图4-25　人工光与阴影

一条平行于正面的水平线，在正面上的投影仍为一条水平线，其上、下位置随光线的角度及该线距离投影面的远近而变化。如背景立面有凹凸变化，则水平线在凹凸面上的影子犹如过该线作一斜面与立面所得的交线。与横向阴影画法的原理一样，只要旋转90°即为纵向模拟阴影的画法（图4-26）。

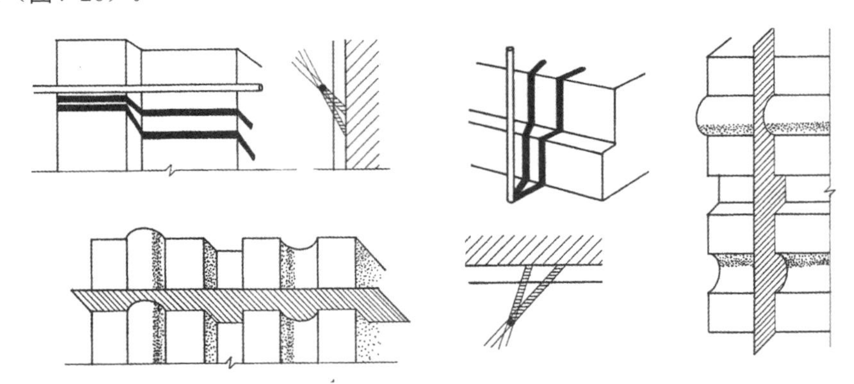

图4-26　模拟阴影画法的基本规律

（二）明暗关系的基本规律

产品设计效果图中明暗关系的运用对于表现产品形态及空间结构关系有直接的作用。明暗关系处理不当，画面或显得扁平、灰暗，缺乏立体感和光感，或显得单调生硬，缺乏层次和真实感。这些都影响到设计意图准确、清晰的传达。

在客观世界中，影响物体明暗变化的因素很多，概括地分析有以下几种主要因素。

1. 光强

光强即光线的强弱。光线越强，物体的亮度越高，受光面与背光面的明暗对比就越明显、强烈，层次清晰。

2. 光源距物体的远近

光源距物体越近，其表面亮度越强，明暗对比显著、分明；反之则亮度越小，明暗对比也随之减弱，变得柔和、微弱。

3. 视点与物体之间距离的远近

在光强及光源距离相等的情况下，观察者距离物体越近则明暗对比越显著，越远则越模糊。这是因为空气中含有的微小水蒸气等影响了光线的通过，使远处的物象变得模糊不清，形成平面的效果，即绘画术语中所谓“空气透视”的现象。在效果图绘制工作中，常常利用这种视觉现象来强调物体的体积感和空间感。

4. 物体色彩和材质的明度差别

在色彩理论中，不同的色彩具有不同的明度，这种差异形成了明暗色调的变化系列。另外，物体材料质地的差别，对光的吸收和反射程度也不同，使物体表面形成不同的色调层次和明暗变化。即使是同一种色彩的物体，质地上的差别也会产生明暗的区别。如同为黑色的煤、炭、黑布、黑丝绒、黑板等，在明暗程度上都各有不同。

5. 光源投射的方向和角度

光源投射的方向和角度即光源、物体和观察者相对位置所形成的光照角度。在绘制产品设计效果图时，应注意选择适当的光照角度。通常，在作图中把确定光照角度称为分面，即用深浅不同的色调来区别和确定物体的受光面与背光面。效果图分面一般有三种形式，也即有三种不同的光照角度，如图4-27所示。

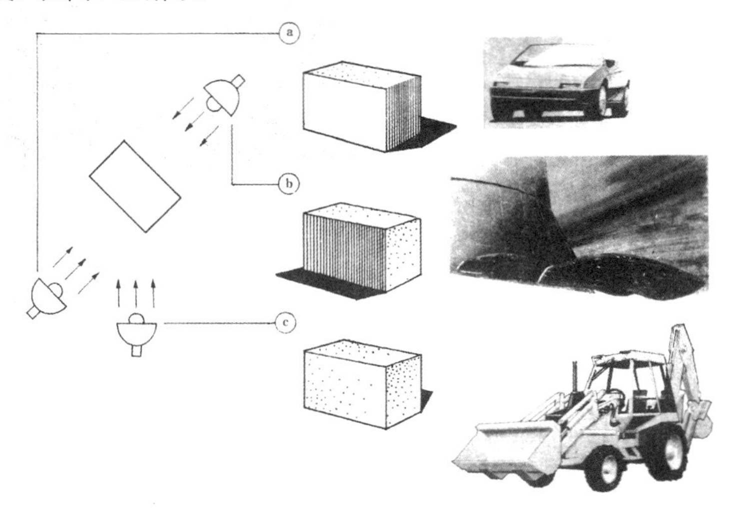

图4-27　明暗的分面形式

（1）侧向光：主要面受光，次要面背光。这种光照角度使物体的明暗面对比较强，分面清晰肯定，立体感强，是常用的分面形式。但有时显得生硬、简单和平淡。

（2）逆向光：光线从物体后面或侧后面投射，形成主要面背光，次要面受光的分面形式。其特点是明暗对比强烈、立体感和光感明显，但正面由于背光处于暗部，不利于这个面上细部的刻画。

（3）正面光：主要面、次要面均受光，但有强弱和主次的区别。其特点是画面响亮、明朗，层次丰富，这是产品设计效果图主要采用的光源方向。

在光的照射下，物体各个不同方向和角度的表面受光不同。故呈现出不同的明暗层次。有受光部分的最亮面，次亮面和背光部分的暗面之分，即所谓三大面。在不受光的暗面与受光的亮面交接部分，由于对比作用，显得最暗，称为明暗交界线，因反光的作用，暗面的某些部分变成稍亮的次暗面。亮面、次亮面、明暗交界线、暗面及反光构成了明暗变化的“五大调”（表4-1）。

表4-1　三大面与五大调

名　称	三 大 面	五 大 调
受 光 部	亮　面（白）	亮　调
	次 亮 面（灰）	次 亮 调
背 光 部	暗　面（黑）	最暗调（明暗交界线）
		暗　调
		次 暗 调（反光）

“三大面与五大调”与物体的投影及高光一起构成了物体明暗色调的基本层次（图4-28）。

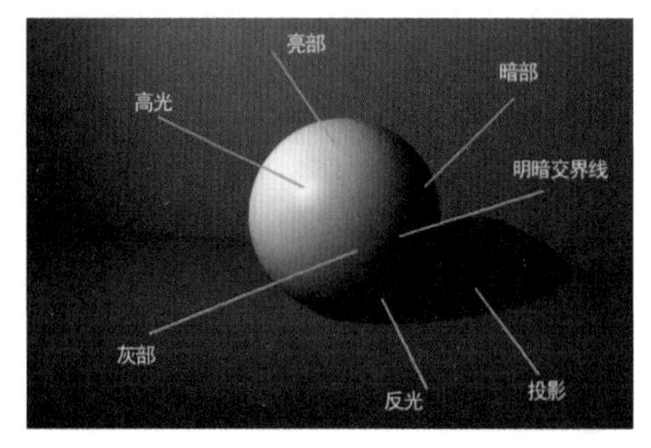

图4-28　物体明暗色调的基本层次

这些基本色调层次可以有助于我们分析和概括物体的明暗关系，但在实际运用时，还应具体地分析表现物，展示出更丰富、更有说服力的色调层次。

（三）光影与明暗的表现法则

如前所述，由于众多因素的影响，通常在自然状态下物体的光影与明暗变化十分复杂，要想精确地再现自然的真实，需要相当高的绘画技巧。因此，设计师应在了解和熟悉光影及明暗变化规律的基础上，总结出一些简便易行、简洁概括的技法进行光影表达，以满足设计表现的要求。

1. 光源的规定

在产品设计效果图实际绘制工作中，为便于确定光影和明暗关系，通常将光源设定：光源为平行光束；主光源位于物体前侧上方（左侧或右侧均可，视表现需要而定）约45°投向对象物；反射光与主光源相对，方向朝上反射；在物体的水平面上，只从上方的窗口透过一些垂直的光束或上方反光体的倒影（图4-29）。

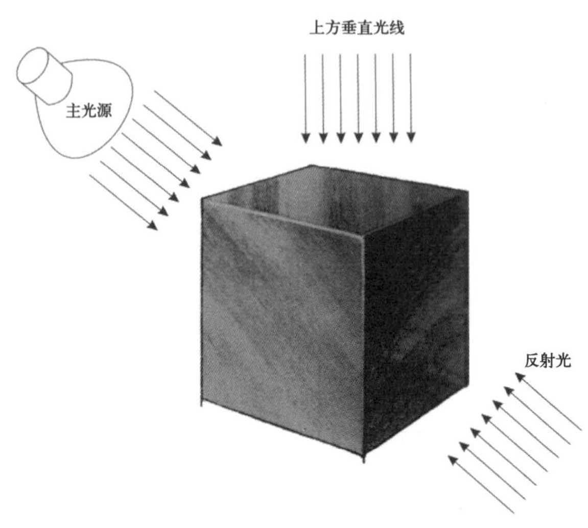

图4-29　常用光源的选择

2. 产品设计平面的表现

产品设计平面的明暗变化较为简单，同一平面上的受光量均等，明度变化小，且分布均匀。表现由平面组成的物体需掌握以下要领：

（1）分面清晰明确，面与面的分界或边缘线比较清楚肯定；

（2）同一平面上的明暗变化要均匀过渡；

（3）深色调的面和浅色调的面的交界处，由于对比作用，浅的色调更浅，应注意利用这种效果来表现面与面的转折和衔接；

（4）适当强调水平面上的垂直光影和垂直面上的斜向光影，有利于平面的表现效果（图4-30）。

3. 产品设计曲面的表现

曲面可以被视为由无数个平面所构成，每个细小的平面相对于光源角度不同而形成曲面明暗层次柔和、丰富的变化。其表现要领如下：

（1）明暗过渡均匀而柔和，各色调之间（包括亮部与暗部之间的衔接），通常没有生硬而明确的界线。中间色调层次丰富。

（2）曲面转折的半径值越大，色调过渡越平缓、柔和；反之，半径值越小，色调变化越趋于明显、强烈（图4-31）。

图4-30　产品平面的光影表现规律

图4-31　产品曲面的光影表现规律

4. 产品设计凹凸的表现

产品设计凹凸的表现是效果图中表达物体表面的转折、起伏等形态特征和细部形象的重要方面。只要光源方向明确，正确地处理了明暗关系，结合轮廓线和高光的运用，就不难有说服力地表现物体表面的凹凸感觉。图4-32说明在几乎完全相同的内外轮廓中，由于明暗关系处理的不同，形成了清晰的凹凸效果。

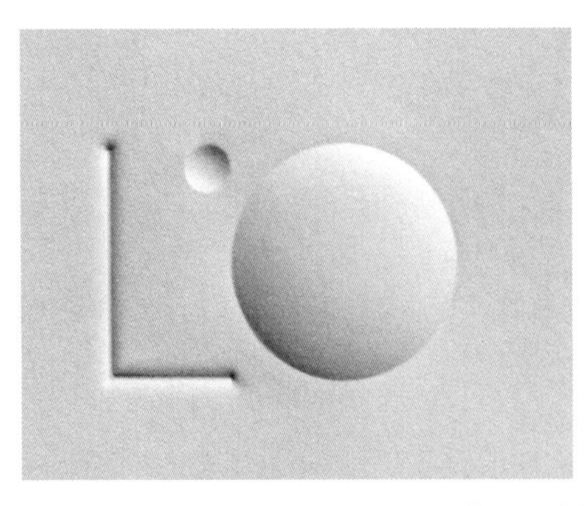

图4-32 平面的凹凸效果及产品的明暗表现

5. 高光和轮廓线的处理

高光是物体表面受光最充足、反射最强、亮度最高的部位。高光常常表现为一个小点、一条细线或一个小的面，反映在物体表面正对着光源方向的部位和棱角边缘上，高光的面积虽然很小，但因其亮度强而醒目，且往往产生在物体最凸出的部位或转折面上，因而对表达物体的形体结构及光感和质感十分重要，是产品设计效果图光影和明暗关系中一个不容忽视的因素（图4-33）。

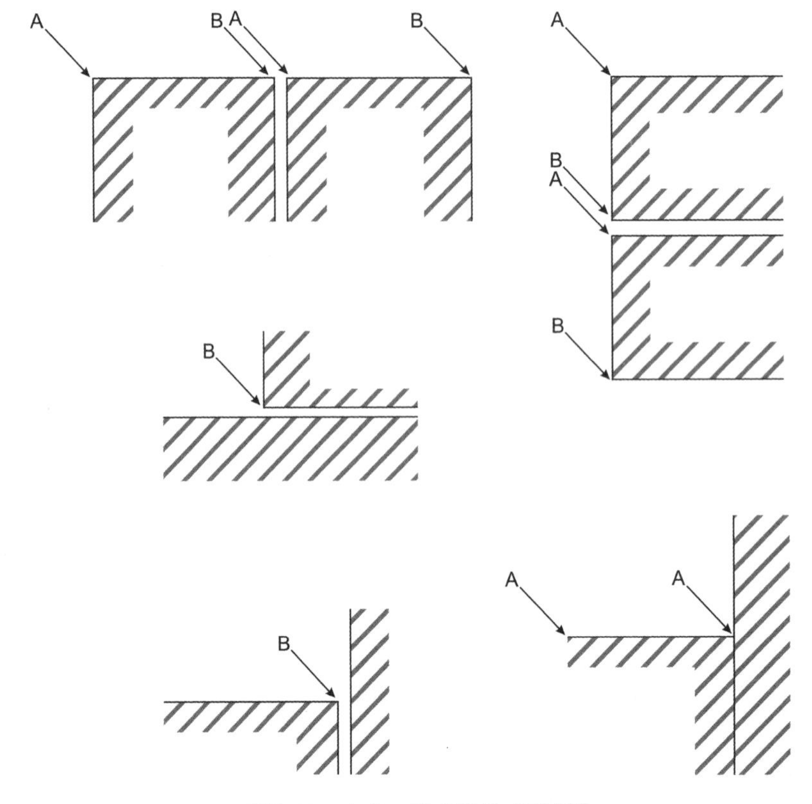

图4-33 高光、轮廓线的表现规律

A—高光线；B—轮廓线

（1）高光是使画面响亮而生动的“点睛之笔”，但要注意运用得当，即要注意整体关系及主次、轻重、虚实和强弱的变化，应避免平均对待，以免使画面显得凌乱、破碎。高光表现的要领如下：

1）平面与平面交接处的高光成线状，细而挺，如果是圆角过渡，则同曲面的高光处理；

2）曲面的高光成带状，其宽窄依曲面直径大小而变化，半径大则稍宽；反之则窄；

3）球面的高光成点状或小块曲面；

4）不同的表面材质和肌理的高光表现具有不同的特点：如表面光洁的金属、镀铬表面、玻璃、塑料、陶瓷等，其高光表现应强而硬，边缘清晰肯定；表面粗糙、质地柔软的材质如皮革、纺织物、木材、橡胶等，高光表现应弱而柔，边缘模糊。

（2）轮廓线是物体与空间（背景）或物体与物体的边界线，往往表现在物体与背景交接的地方或物体上一个体块与另一体块搭接的线缝之处。刻画轮廓线的方法要领如下：

1）近处的粗而重，远处的细而轻；

2）暗部的轮廓线浓重、含蓄，亮部的轮廓线轻淡、清晰；

3）硬材质的轮廓线应实而劲挺，软材质的则应虚而轻柔。

在产品设计表现时，产品的哪个部分要处理高光，什么地方要画轮廓线，一般应根据光源方向及前述明暗关系的有关法则来处理，其基本原则是朝向光源的内、外轮廓画高光；反之则画轮廓线。

在表现高光和轮廓线时，既要遵循一定的规律，还要根据具体情况和表现的需要进行分析和处理，加以灵活运用。

6. 退晕的表现

退晕是指在同一平面无论是亮面还是暗面，由深到浅或由浅到深的明暗渐变效果。这种明暗色调的变化往往均匀平缓，没有突然而明显的界线或跳跃，是十分微妙的过渡，不加留意就会被忽略。退晕对生动而真切地表现物体的体积感、空间感和光感具有十分重要的作用［图4-34（a）］。缺乏退晕表现的效果图往往显得呆板、单调而无生气［图4-34（b）］。

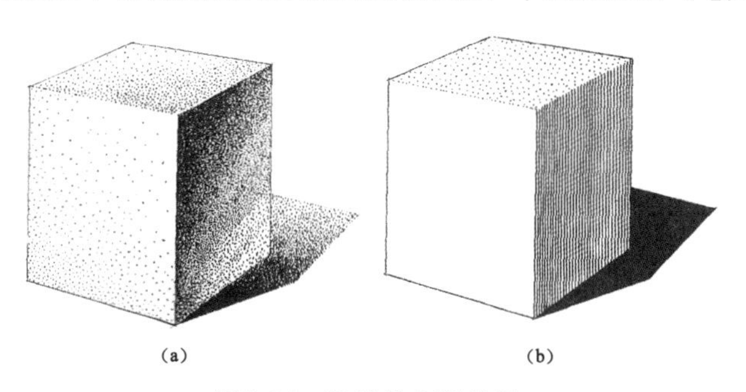

图4-34　退晕的表现效果

客观世界中形成退晕现象主要有两个；一是由于透视，空气中水蒸气、尘埃等阻挡光线的通过，使近处的东西看上去清晰鲜明而远处的东西模糊、色调减弱，形成明暗的退晕；二是由于反光，反光也引起色调的退晕变化，这一点在背光面尤为明显，暗面的反光退晕效果使阴影部分显得透明而具有光感和空气感。

退晕的表现规律见表4-2。在实际作画中，即使对那些体量较小、空间进深不大的产品，也应对其退晕效果加以强调和夸张，从而增强其立体感和空间表现力。

表4-2 退晕的表现规律

距 离	近→远
退晕效果	亮→灰
	暗→浅
	浓→淡
	实→虚
	对比强→对比弱
	边缘清楚→边缘模糊

色彩与明暗关系一样，在表现产品立体感。空间进深感方面具有相同的作用。其表现规律与明暗的退晕法则近似，见表4-3。在产品设计表现效果图中，有意识地运用这些色彩退晕的规律，可以有效地增强画面的三维空间效果。

表4-3 色彩的退晕表现规律

距 离	近→远
退晕效果	纯度高→纯度低
	明度高→明度低
	暖色→偏冷
	冷色→偏暖
	浓→淡
	暗色→偏灰
	对比强→对比弱

二、产品设计表现效果图绘制的准备工作

产品设计表现效果图绘制准备工作主要包括：裱纸；起稿和过稿；绘制小色彩稿；效果图色彩训练；效果图表现底色绘制训练。

1. 裱纸

当采用水性颜料如水彩、水粉或透明水色作画时，图纸往往会因遇湿而发生膨胀变形，不利于作画，故需要先将画纸裱贴在图板上才可避免这种现象。绘制效果图通常采用“空裱法”裱纸，以利于完成后易于取下完整的产品效果图。具体作法如下：

（1）先用湿软毛巾蘸少量清水将图纸均匀润湿（也可用排笔或大号底纹笔），使图纸充分膨胀。注意水分不要过多，刷水时忌用力过大以免图纸擦伤起毛［图4-35（a）］。

（2）将湿润膨胀的图纸置于图板上合适的位置（四边应与图板的四边保持平行），另裁四条宽为2～3 cm，略长于图纸边长的纸条，并在其一面均匀涂上浆糊或胶水，然后依次将四条裱边平直地粘贴在图纸四边，使其宽度的一半各粘牢在图纸和图板上［图4-35（b）］。

（3）图纸四边裱贴完成后，在图纸的中心部位再用清水润湿一遍，或用湿毛巾平摊在图纸中间三分钟左右（目的是让四边粘贴部分先于纸心部分干燥牢固），将图板平放，待图纸自然干燥后便收缩绷平了［图4-35（c）］。

（4）作图完成后，用刻刀沿裱边条内侧将图纸裁下即可［图4-35（d）］。

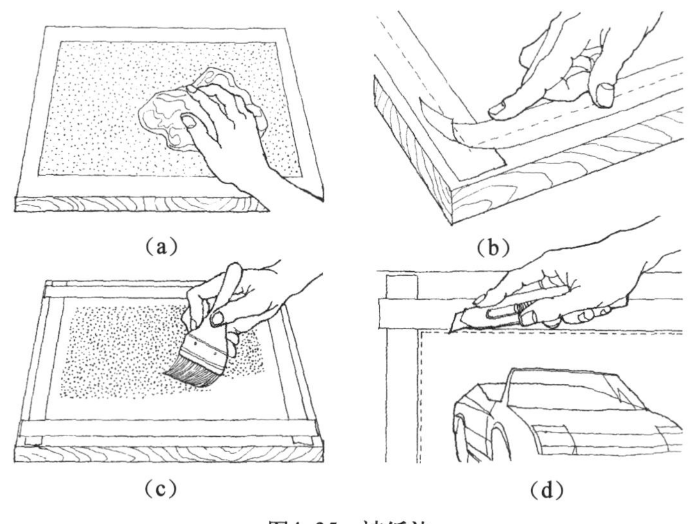

图4-35　裱纸法

2. 起稿与过稿

一般考虑比较成熟的方案可直接在正图纸上起稿，通常用HB～2H的铅笔按透视图法起稿，铅笔线应轻而细，以利于修改调整。

为了保证效果图画面的整洁，可采用另纸起稿（如用透明的描图纸蒙在现成的透视网格上起稿，可大大提高效率），然后将描画准确的画稿转拓到正图纸上，这种方法称为过稿。

过稿的方法有两种：一种是刻痕法，即将底稿置于正图上，用较硬的铅笔（4H～6H），略加力刻画产品轮廓线，就可在画面的图纸上留下产品轮廓线的印痕，然后用铅笔轻轻按刻痕勾描产品轮廓即可。另一种是拓印法，即在底稿的背面按产品轮廓稿线均匀涂上一层软铅笔（4B～6B）或木炭铅笔（如果在深色纸上过稿也可涂施浅色色粉棒或粉笔）。然后翻过来覆盖于正图上，用铅笔重描产品轮廓线即可将底稿拓写到正图上（图4-36）。

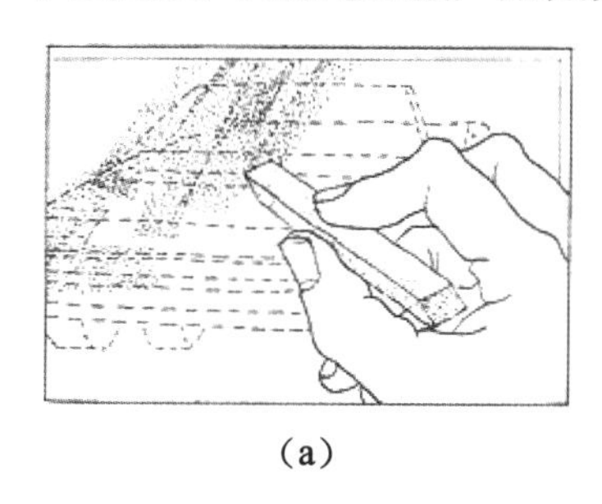

（a）

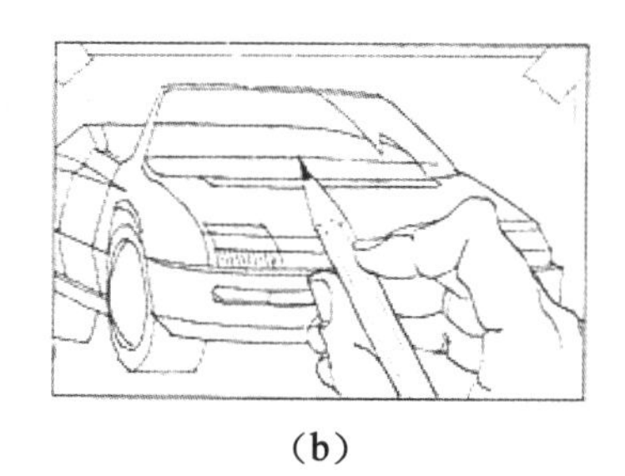

（b）

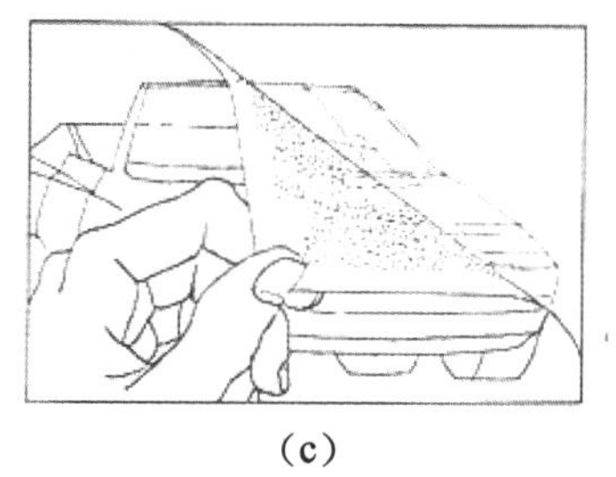

（c）

图4-36　拓印过稿法

（a）在稿图背面薄涂色粉或炭画铅笔；（b）将稿图翻转到正面并固定，在图线上用硬铅笔刻画产品轮廓线；（c）在图纸上即可出现产品稿图

3. 绘制小色彩稿

在正图着色绘制之前，以速写的方法画一张色彩小稿是很有必要的，目的是推敲和确定画面的色彩基调及大的色块配置，也可以作为着色的依据和指导。小色彩稿幅面不要太大，一般32开纸大小即可。只需要以徒手画出简略轮廓图形，不宜画得过细而花费过多的时间（图4-37、图4-38）。

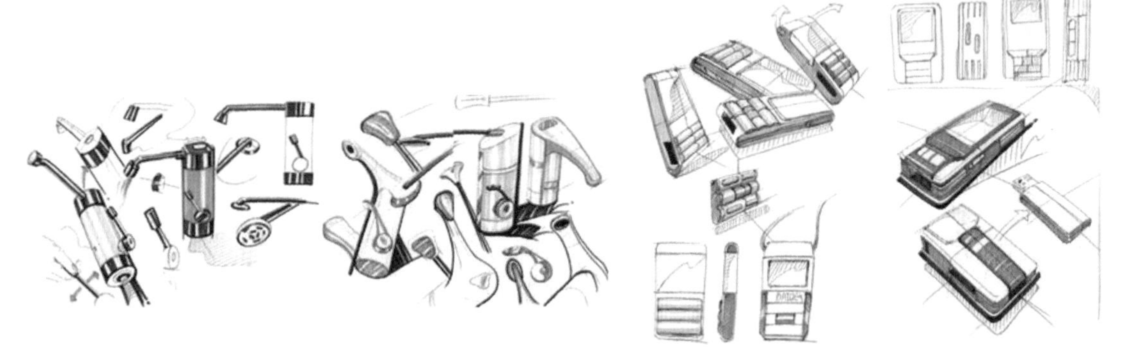

图4-37 水龙头设计小色彩稿　　图4-38 手机设计小色彩稿

4. 效果图色彩训练

效果图色彩训练主要包括色彩的平涂和色彩的退晕处理，这是产品效果图表现的两个主要的色彩处理技法。

当产品的平面较多且需要快速表现时，常用色彩平涂的方法，即调整色彩的明度、纯度、色相等参数，然后直接在产品表面涂色，涂色时色彩没有明显的明暗变化，不受光影的变化影响。这时色彩能够真实地反映产品的色彩信息，但是产品的立体感不够强烈。

当产品表面曲面较多时，为了能够体现产品的立体感觉，多采用退晕的色彩表现技法，即产品的色彩随光影的变化而逐渐变化。因为效果图要表现产品比较真实的光影效果，所以，色彩退晕时要均匀、自然，不能留下明显的色彩台阶和色彩的对比（图4-39、图4-40）。

图4-39 色彩平涂与退晕计算机效果

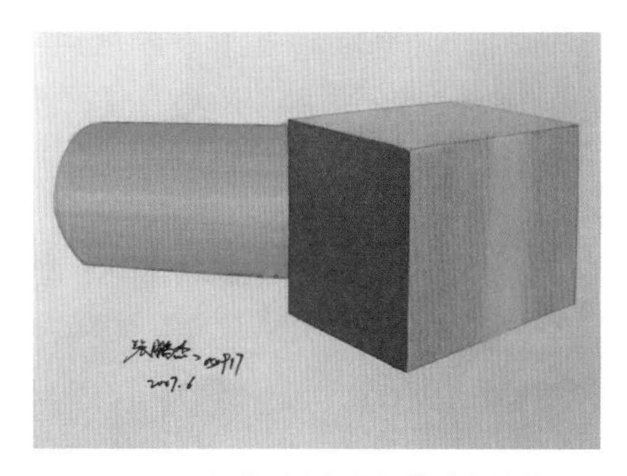

图4-40　色彩平涂与退晕的手绘效果

5. 效果图底色绘制训练

为了提高效果图绘制的效率，可以在绘图纸上以产品原色为基础整体刷涂底色，在底色中概括处理产品的光影变化效果。底色以产品的亮面色彩为主，底色作为产品效果图的整体衬托，在此基础上进行产品效果图的描绘，可以获得统一、整体的视觉效果，也可以提高效果图表现的效率。

效果图底色的绘制一般有两种方法：一种是平涂的技法；另一种是带有明暗变化的技法。由于色彩变化的技法更能够表现产品的明暗变化，所以，在效果图底色中多用色彩变化的技法表现底色（图4-41）。

图4-41　底色绘制

三、效果图表现技法详述

（一）底色表现技法

1. 特点

在色纸或自行涂刷的底色上作画，称为底色法。因有大面积的底色作为基调色，易于获得协调统一的画面色彩效果。同时，利用底色作为产品某个面（如中间调子或亮面）的色彩，简化了描绘程序，使画面显得更为简练、概括而富有表现力。底色法是一种只需简单着色便可获得产品整体色彩效果的方法，有事半功倍的效果，是国内、外设计领域最常用的表现方法之一。

其中，炭笔底色法作为学生从素描向效果图过渡的先行训练，通过该表现技法的训练，可以让学生逐步体会效果图的表现方法（图4-42～图4-46）。

图4-42 水下机器人炭笔底色效果图

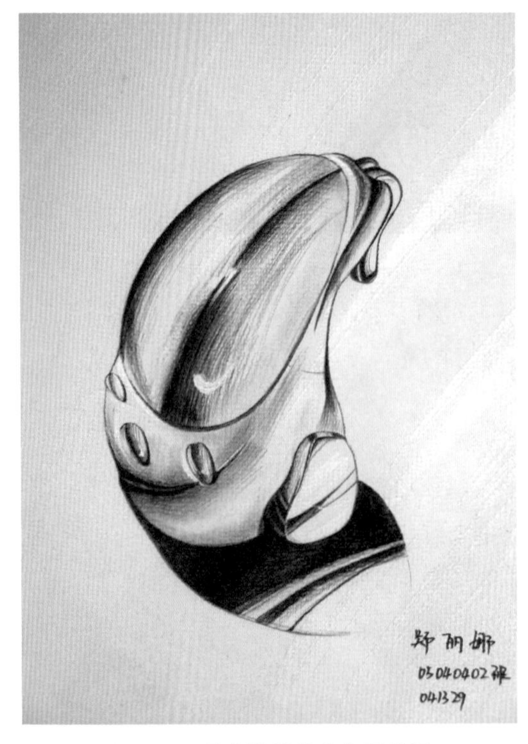

图4-43 吸尘器炭笔底色效果图

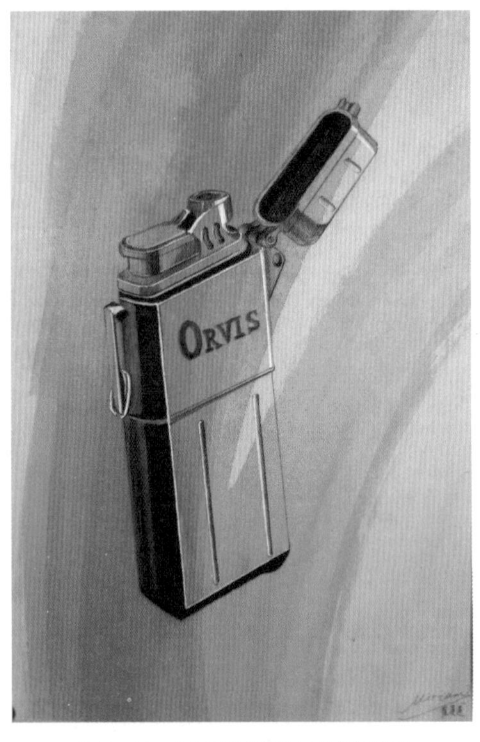

图4-44 打火机炭笔底色效果图

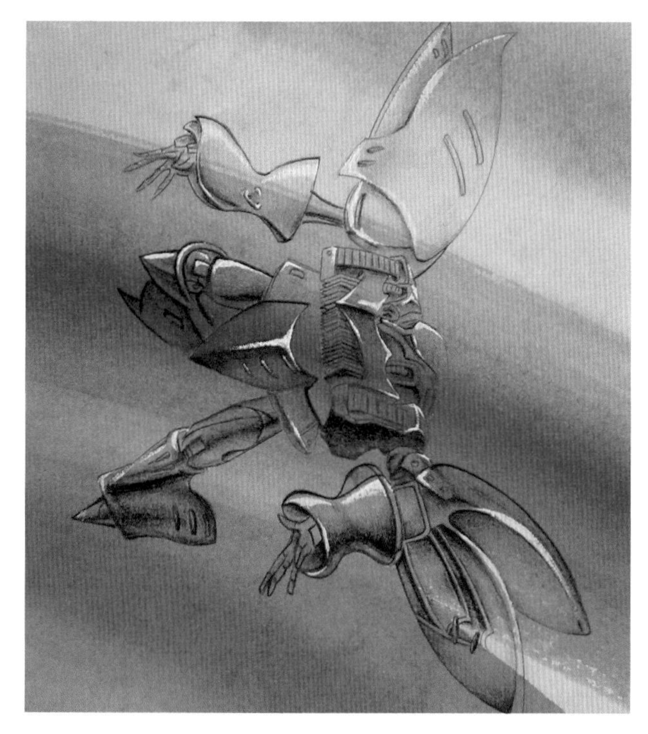

图4-45　仿生机器人炭笔底色效果图

图4-46　机器人炭笔底色效果图

2. 作画步骤

图4-47所示为小家电效果图。

（1）起稿及过稿：正图的轮廓稿用炭画铅笔加以确定［图4-47（a）］。

（2）绘制底色：有两个步骤，一是当产品底色比较深时，先绘制底色，再复制图形，这样复制好的图形比较清楚、明确，不容易被底色遮盖。但是，由于这时图纸上没有产品的形象，在提前绘制有光影、明暗变化的底色时，比较难把握明暗的位置关系，因此，需要设计师对整页图纸及产品的明暗变化做到心中有数，明暗变化概括归纳，同时，只关注整体画面的明暗变化，不要拘泥于细节。二是当底色比较浅时，先复制图形，再绘制底色，这时，由于图纸上已经有产品的形象，这样有利于根据产品的形态特点处理底色的明暗关系，使底色能够更符合产品色彩表现的需要［图4-47（b）］。

涂刷底色通常用水粉色、水彩色（需调入少量水粉色）或丙烯色。色层宜薄而匀（平涂或留有色彩和笔触的变化则视表现的需要而定）。如需留有较清晰的笔触，则宜采用笔毛较硬的大号油画笔或棕刷涂施。

（3）画暗部色调，用深灰透明水色调少量蓝紫色由浅到深着色。注意暗部的颜色宜薄，以保持其透明感，运笔需根据形体体面结构和起伏变化来确定。亮面主要以底色表现，以简练的笔触稍加中间色层次。暗面色调应有前后、虚实的变化以加强空间感［图4-47（c）］。

（4）用白广告色提出高光，深入刻画细部。最后整理画面，完成作图［图4-47（d）］。

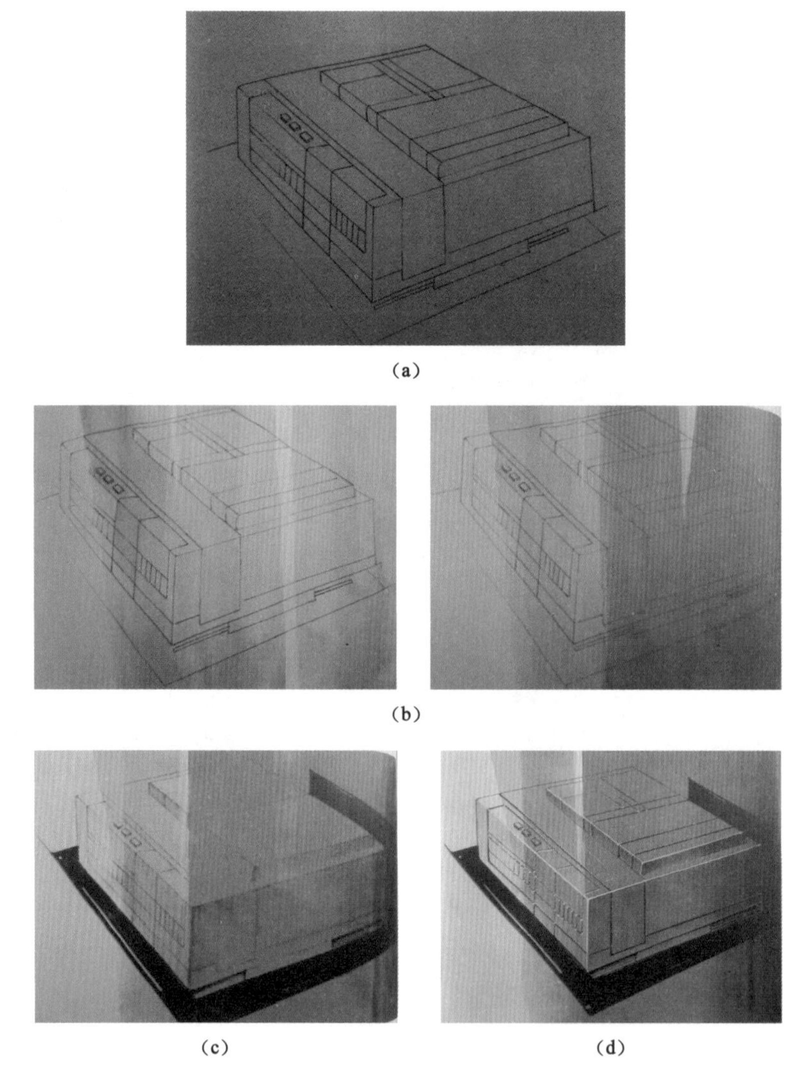
(a)
(b)
(c) (d)

图4-47 小家电效果图

3. 技法要领

底色法可单独采用水彩色、透明水色、水粉色、色粉棒或记号笔等，也可混合采用多种媒介以丰富其表现力。水粉色或丙烯色遮盖力较强，多用来画亮画调子和高光部分。底色法要求对色调层次进行归纳和概括，合理地利用底色来表现产品形态的某个色调层次，一般为亮面或中间色调。因此，在涂刷底色时应考虑接近产品固有色基调的中间色调。

如果在水粉底色上用水性颜料作画时，应避免在同一部位反复涂施，否则底色将受潮上翻，使色彩发脏发灰。如需要重复着色，应等上一遍色干燥后再进行覆盖或叠加。另外，如用丙烯颜料涂施底色，也可有效地避免底色上翻的问题。

（二）底色高光表现技法

1. 特点

底色高光表现技法是在底色法上发展起来的一种技法，即在较深暗的底色上，用描绘产品形体轮廓和转折处的高光与反光的方法，来表现产品形态特征及简单的明暗与阴影效果。其特点和手法大致与底色法相似，但高光法通常只着力于表现产品形态的明暗关系，忽略或高度概括产品色彩的表现，其明暗层次也较底色法更为提炼概括。

2. 作画步骤

底色高光表现技法的作画步骤与底色表现技法类似，可以参照底色表现技法步骤实施。

3. 技法要领

高光法要求对明暗色调进行高度概括和提炼。除底色外，主要以黑、白两色来塑造形体。着色通常宜从深到浅进行，这样较易控制色调的层次变化。高光线或点应注意主次、远近、强弱和虚实的变化，以免产品显得单薄，故采用色粉棒和粉质彩色笔作画是很适宜的。另外，高光法因为色彩单纯，有时会显得单调沉闷，这时应合理地运用小面积纯色来点缀和活跃画面。

图4-48～图4-51所示为底色高光表现技法。

图4-48　摩托车高光效果图

图4-49　玻璃杯高光效果图

图4-50　汽车细节高光效果图

图4-51　汽车高光色效果图

（三）钢笔淡彩表现技法

1. 特点

钢笔淡彩表现技法即用钢笔、绘图针管笔或蘸水笔勾勒、刻画产品轮廓，以水彩色或透明水色着色描绘的技法。因其技法简便快捷，色彩明快洗练，既可用于粗略的设计草图，也可用于较精细的效果图。特别适用于设计展开阶段的概略效果图。

2. 作画步骤

（1）用钢笔勾勒产品的轮廓和结构线［图4-52（a）］。线条要求肯定、流畅，适当注意运用线条的轻重、粗细和虚实的对比来表现一定的空间关系。

（2）轮廓线勾画完成后，用大号平头笔（如底纹笔或水粉画笔等）着大体色彩。运笔方向要根据产品的形体结构确定，并适当注意色调的明暗层次和冷暖变化，留出反光部分。此阶段用色和用笔均要求概括整体，不宜追求过于丰富的变化。在着大体色彩时也可连同背影一起着色，给背景铺垫一个基调［图4-52（b）］。

（3）待色彩干燥后用淡墨（碳素墨水，黑色水彩色和透明水色均可）调入少量冷色或暖色（一般多调入基调的近似色以与画面协调）形成有一定冷暖色彩倾向的暗面色彩，由浅到深画出明暗关系［图4-52（c）］。

（4）进一步刻画细部，并用白广告色提出高光。最后调整画面整体关系，完成作图［图4-52（d）］。

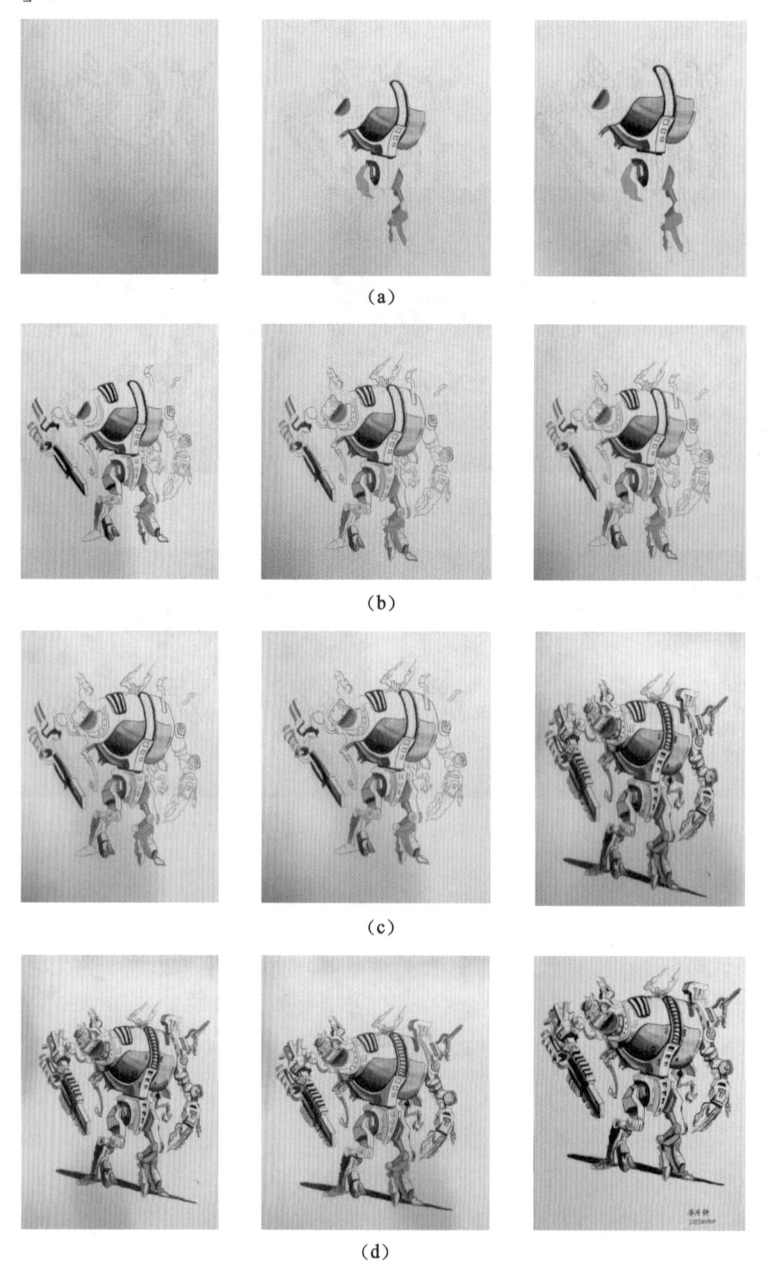

图4-52　机器人效果图

3. 技法要领

钢笔淡彩表现技法要求着色简练明快，运笔肯定而流畅，故落笔前应对画面的色彩及明暗关系与表现程序考虑成熟，做到胸有成竹。着色通常由浅到深，由亮到暗，逐层作画，以利于明暗色度的把握和控制。但重复的次数不宜过多，除最后阶段用水粉色表现高光部分外，切忌渗入水粉颜料，以免色彩丧失透明度，画面灰暗“粉气”。

作画颜料宜采用水彩色或透明水色。透明水色颗粒细腻，附着力较强，色彩较水彩颜料更为透明而不失其饱和度，是淡彩画法的理想用色。图纸宜选用结实而具有光泽表面和一定吸水性的绘图纸（如用水彩画纸，则宜用较光的一面）。以利于运笔的流畅连贯，笔触的清晰明确。着色时笔上的含水量不宜过多，否则易在落笔和收笔处边缘产生积水痕，破坏画面效果。同时，应注意每一着色步骤必须等上遍色干后再进行，以免色层之间互相渗透使色彩含混、笔触模糊，画面丧失透明感和轻快感。

（四）马克笔表现技法

1. 特点

马克笔又称记号笔，是一种新型绘画工具。因其色彩种类齐全多达上百种，不用调色就可以直接作画，干燥极快而且附着力强，使用十分方便，是国外设计领域中广泛采用的作画工具。记号笔笔尖有圆头和方头两种（图4-53）。方头笔尖通过转换角度可以方便地画出宽窄不同而均匀整齐的色线和色块，故在效果图绘制中应用较多。

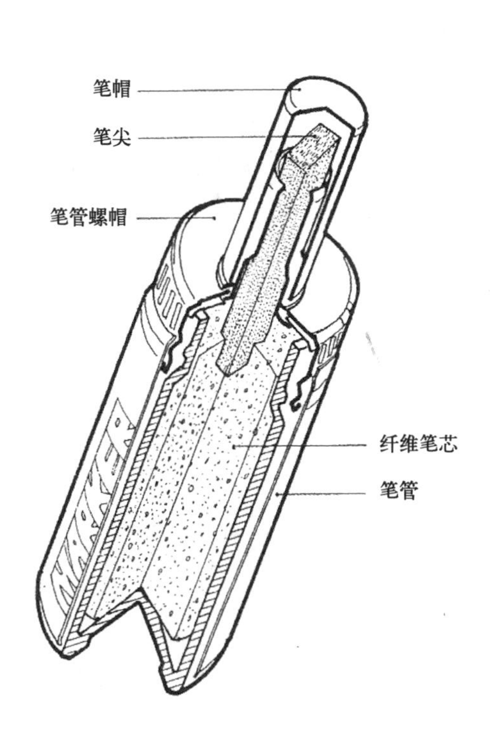

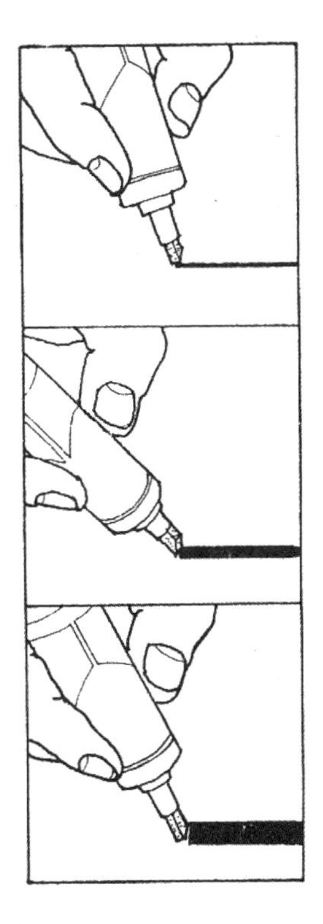

图4-53　马克笔的结构和应用

马克笔的色彩鲜亮而稳定，具有一定的透明性。但其色彩挥发性和渗透力极强，因此不宜用吸水性过强的纸作画，而需用纸质结实、表面光洁的纸张作画。马克笔作画不用调和水分，故图纸不需裱装在图板上即可进行着色，十分方便。

2. 作画步骤

图4-54所示为小型吸尘器马克笔效果图。

（1）用黑墨水笔徒手勾描产品轮廓和结构线，并用黑色涂施大的暗部色块［图4-54（a）］。

（2）用各种不同深浅的暖红色记号笔，由亮到暗逐层画产品的亮面、中间色及暗面色调，暗面及朝向地面的部分用偏冷的（如灰土黄色或浅褐灰色）记号笔加上地面的反光色调，而亮面可用冷金属灰记号笔画上略感偏红的色调［图4-54（b）］。注意：在产品的上部和侧边缘处留出白纸，以表示曲面的转折。用不同深浅的红色描绘产品的形态变化及明暗关系，同时，对产品的阴影部分用深色进行简单勾画。用深蓝色及灰黑色对产品的金属部分进行描绘，应注意对产品形态转折的部分进行明暗协调处理。

（3）最后用白色铅笔提亮产品亮面、高光面及高光线部分。注意刻画应当简练、概括，只需形成一个总的印象而不需刻画得过分详尽精确。在必要的地方用白广告色画上高光，并用黑钢笔画上轮廓线以强调形体的结实和重量感，作图即告完成［图4-54（c）］。

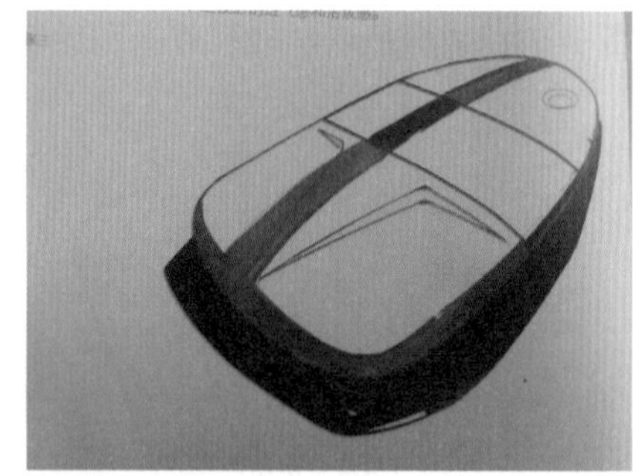

（a）

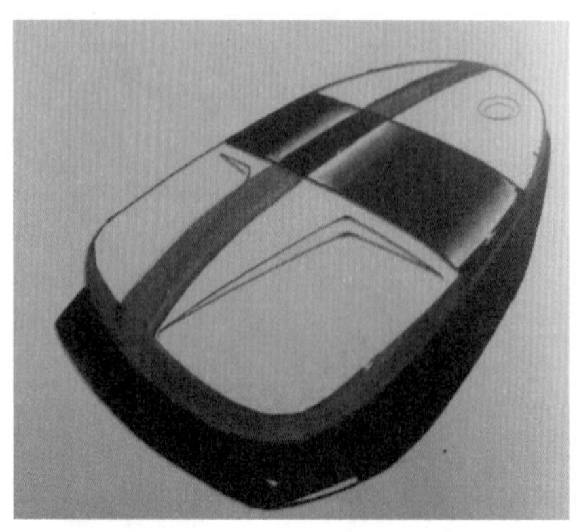
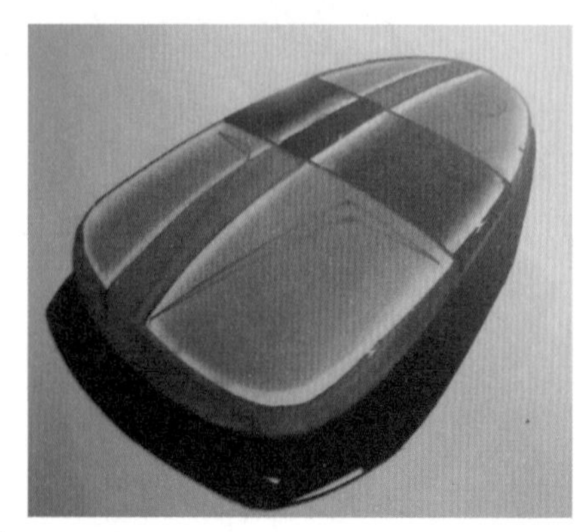

（b）

图4-54　小型吸尘器马克笔效果图

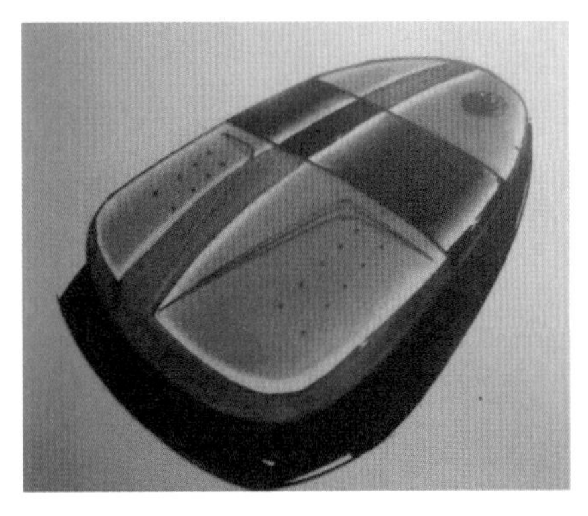
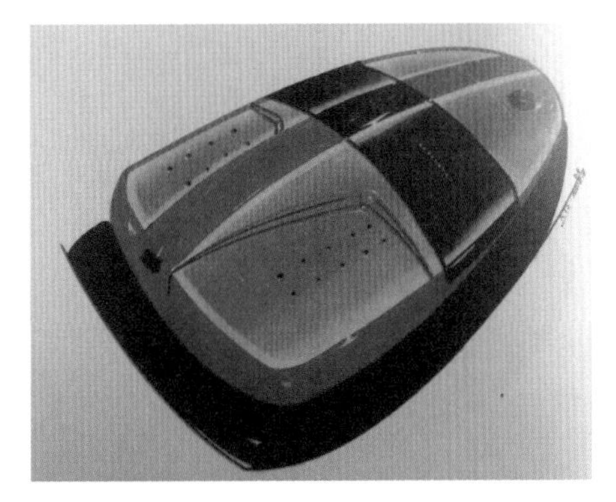

（c）

图4-54　小型吸尘器马克笔效果图（续）

3. 技法要领

记号笔色彩渗透力强，易在纸上浸晕形成不必要的色团，因此，着色时运笔要快速、果断。油性记号笔色彩附着力强，难以清洗和修改，故着色前应考虑成熟。一般着色顺序宜由浅到深，便于控制色调层次。同种色彩如重复涂施，可降低其明度，丰富色彩层次。但需要注意不宜重复次数太多，以免色彩失去鲜明度及发生浸晕现象。另外，在记号笔色底上涂施彩色颜料，可进一步丰富其表现力，如表现反光效果和色调的退晕变化等，但这一步骤应在作画的最后阶段进行。

（五）色粉表现技法

1. 特点

用色粉棒和色粉笔作画能获得层次丰富、色调细腻的画面，且色粉易于擦拭修改。色粉画法不需调和水分，故图纸不需裱糊，不会产生膨胀变形现象，作画十分方便。

2. 作画步骤

图4-55所示为小汽车色彩表现效果图。

（1）用炭画铅笔勾描轮廓稿，稿线应细而细，以免炭粉污损画面色彩［图4-55（a）］。

（2）用色粉棒按照从亮面到暗面、从浅色到深色的顺序描绘产品［图4-55（b）］。

（3）用彩色粉画铅笔和炭画铅笔刻画细部，高光部分可用白广告色提出，反光部分则可用塑性橡皮或脱脂棉擦出。最后画背景衬色［图4-55（c）］。

3. 技法要领

色粉画起稿时忌用绘图铅笔。因其蜡质会妨碍色粉的附着，留下不必要的线痕。色粉画宜用表面有细密纹理的纸张，如素描纸和水粉、水彩纸等，有利于色粉的吸附。此外，用有色纸作色粉效果图也是十分有效的。

色粉画法的着色应遵循由浅到深，由亮到暗的顺序进行，一是有利于控制整个产品的色调效果；二是有利于画面颜色修改时的覆盖效果。

色粉画法着色时要按底稿用纸片或胶膜刻出相应的模板，以遮挡不需上色的部分。为使色层均匀，应避免用色粉棒直接在图上着色，可先在遮蔽纸上刮削适量的色粉，然后用手指或小团脱脂棉（或用餐巾纸和卫生纸）将色粉涂擦到需着色的部分，便可获得均匀的色彩视觉效果（图4-56）。

(a)

(b)

(c)

图4-55　小汽车色粉表现效果图

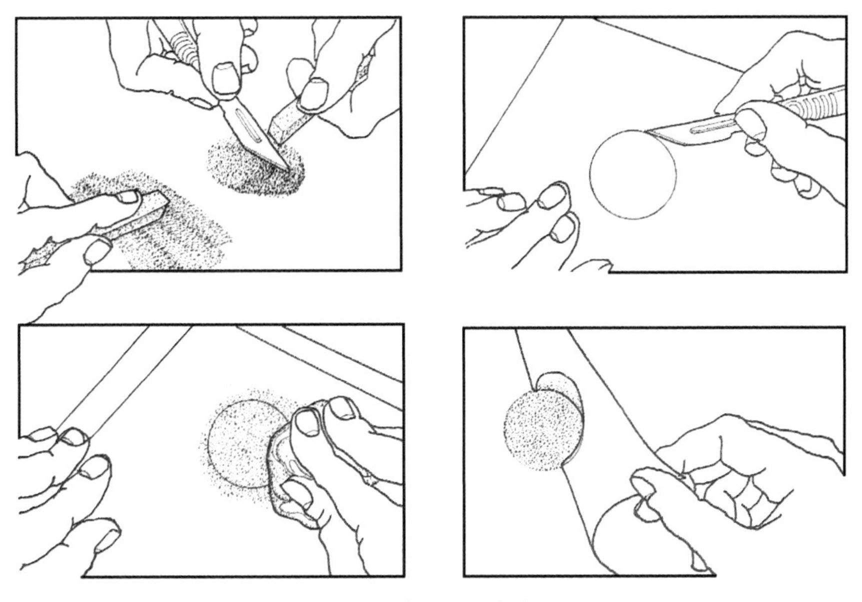

图4-56　色粉画着色方法

因色粉较易被擦拭掉，在作画完成后需要喷上一层固定液，以防色层脱落。在国内市场较难购得专用气压罐装固定液，可用水稀释白乳胶或酒精松香溶液自制成固定液。有人尝试用定型发胶喷射，也能起到固定色粉的作用（图4-57）。

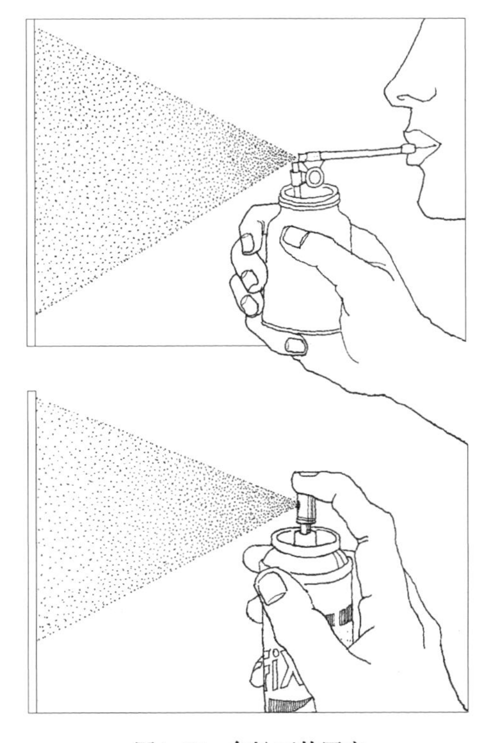

图4-57　色粉画的固定

第四节 产品设计效果图的质感表现

质感是指产品材质及表面工艺处理所形成的视觉特征，如材质的坚硬或柔软，表面肌理的粗糙或细腻，光洁度的高或低，透明感的强或弱，质地的松或紧乃至材质的轻或重等。质感的处理是产品造型设计的重要因素，因此，表现产品的质感特征是产品设计效果图表现技法的重要内容之一。

现实中产品的材质种类繁多。其质感特征千差万别，即使是同一种材料，不同的加工处理和肌理设计也会产生不同的视觉效果。究其原因，各种质感的形成都是由于不同材质表面对光的吸收和反射的结果。因此，将材质归纳起来可大致分为以下四类：

（1）反光而不透光的材料。这类材料在产品设计中运用最广，如金属、陶瓷、不透明塑料、镜材、油漆涂饰表面等。

（2）反光且透光的材料。如透明玻璃、透明或半透明塑料等。

（3）不反光也不透光的材料。未经涂饰的木材、橡胶，密编纺织物如呢、毛、绒织物等。

（4）不反光而透光的材料。如纱网、纱巾等网状编织物。

产品设计效果图的描绘通常是在真实产品制造出来之前进行，因此，无法根据实物进行临摹写生，这就要求设计师在平时注意观察和分析各种质感的视觉特征，并且由此提炼出一些简练而有效的质感表现方法或程序。这些方法或程序或许不是对自然物象的绝对“写实”，但必须有说服力地表现出人们通常对某种材质的感觉和印象。

一、反光不透明材质的表现（以金属为代表）

多数金属材料在加工后具有强反光的质感特点，而且质地坚硬，表面光洁度高。因此，在自然光照情况下，产品表面的明暗和光影变化反差极大，往往产生强烈的高光和暗影。同时，由于反光力强，对光源色和环境色极为敏感。

在表现强反光的金属质感时，如不锈钢、镀铬件等，要注意用明暗对比的手法表现其光影闪烁的特点，同时，应注意对明暗层次加以概括和归纳。避免过花而产生零乱、不整体之感。表现金属质感还要求用笔肯定而有力，即笔触明确、边缘清晰、干净利落，才能表现出金属结实、坚硬的感觉。同时，应根据物体表面的形体特点、采用不同的运笔方向。表现不同体面之间的起伏和转折关系（图4-58～图4-63）。

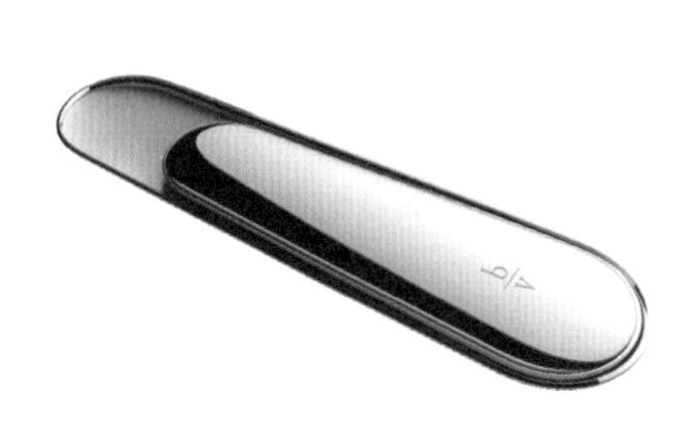

图4-58　金属把手

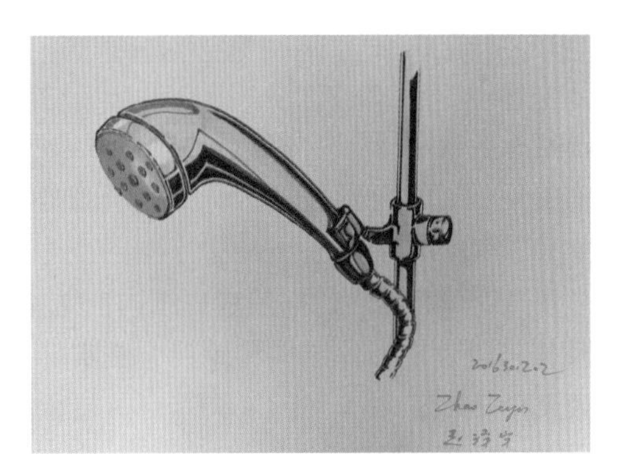

图4-59　金属水龙头

图4-60　金属咖啡杯

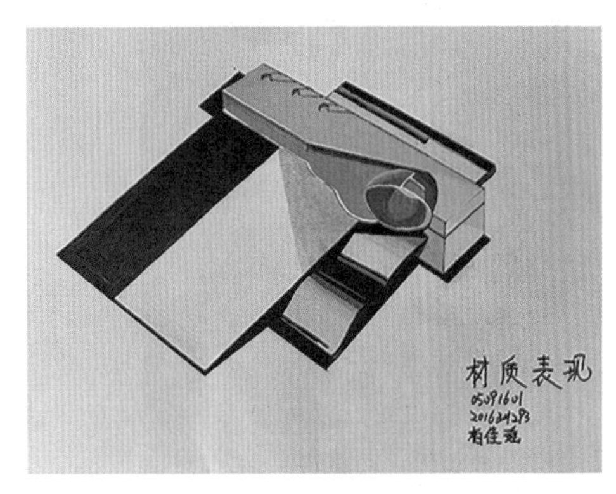

图4-61　金属打印机

图4-62　金属烧水壶

图4-63　金属水壶

二、透明及半透明材质的表现

透明及半透明材质，如玻璃、塑料等，表面光洁，反光性较强，高光强烈且边缘清晰。由于具有透明性，其色彩往往透映出它所遮掩的部分或背景的色彩，只是色彩明度略浅或灰一些。如果透明体本身有色，表现时则需在背景色基础上带有它本身的色彩倾向。

表现透明体质感时，一般应先画内部结构或背景色彩。而后再以精确和肯定的笔触刻画高光和反光，以表现形体结构和轮廓。在实际作画中，常常采用底色法或高光法来表现透明物体，效果极好（图4-64、图4-65）。

图4-64　玻璃器皿表现技法

图4-65　吸尘器玻璃罩壳表现技法

三、不反光、不透明材料的表现技法（以木材为代表）

经过加工的木材表面平整光滑，最明显的视觉特征是具有美观和自然的纹理，同时，木材色调偏暖，具有极强的人机协调性。未经涂饰的木材基本上没有明显的高光和反光；而表面涂有清漆、洋干漆等涂料的木材，表面具有一定的反光和高光，但其程度远较金属或透明材质弱而柔和。

在表现木材质感时，一般要用水粉色、水彩色或色粉笔铺好底色基调，然后以细毛笔或彩色铅笔勾画木纹，最后根据具体情况适当加以高光和反光，以表现出一定的光泽感。在勾画木纹时，应注意：木纹在次亮面或中间色区域一般较为清晰明显；在暗面或受光最强带有反光的部分，则要画得隐约和轻柔一些。同时，木纹要自然，注意木纹方向和粗细、轻重。木纹越细、密，表示木材质地越坚硬；木纹越粗、疏，表示木材越粗糙（图4-66～图4-70）。

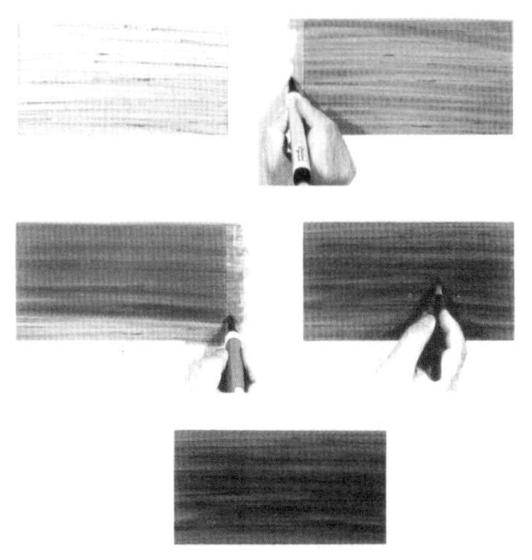

图4-66　木纹效果表现技法

图4-67　电子琴木纹效果

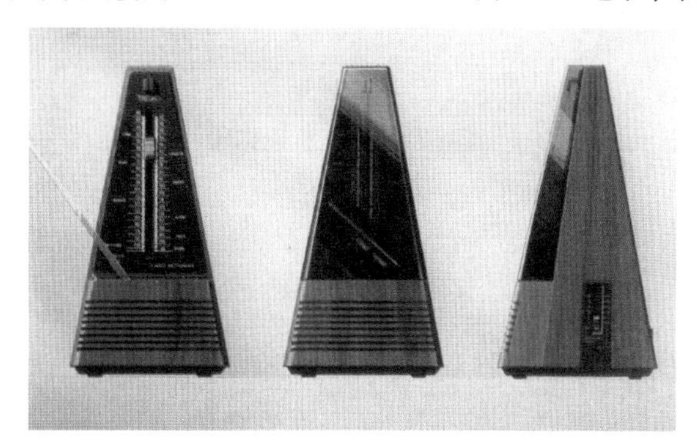

图4-68　电子琴节拍器木纹效果

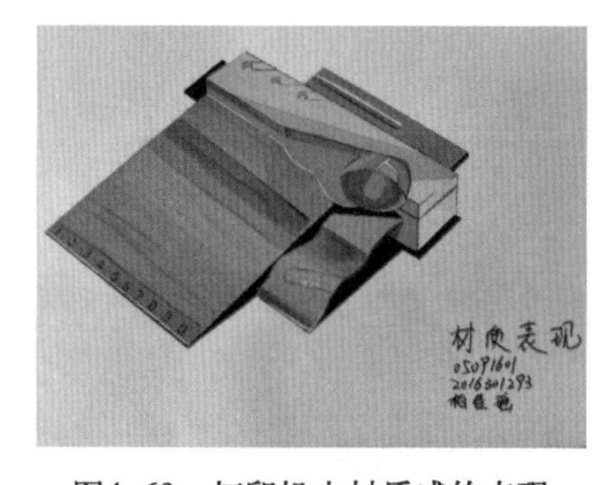

图4-69　打印机木材质感的表现

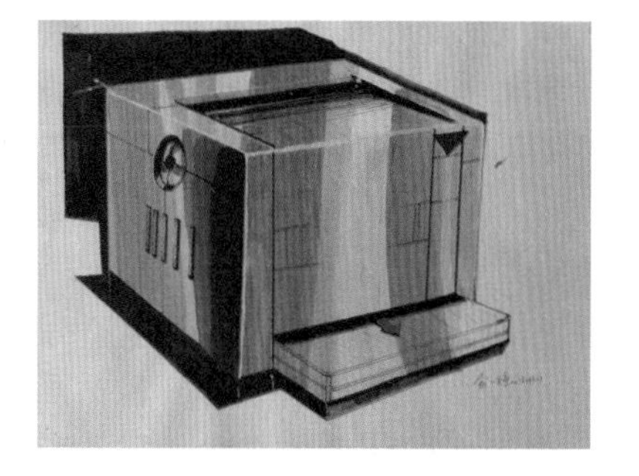

图4-70　多功能一体机木材质感的表现

四、人工肌理的表现

效果图绘制时常常要表现具有或粗或细，或明显或含蓄的人为肌理的表面，如有肌理的塑料制品、皮革制品、橡胶制品、纺织物及有纹理的油漆饰面等。

有肌理的表面一般高光和反光较弱而柔，在表现时用笔和用色要含蓄均匀，对肌理要把握其主要特征，加以提拣的表现即可。

人工肌理拓印法是肌理表现的有效手法。具体作法是先在效果图纸下垫衬一块带有所需肌理或类似肌理的材料，然后用彩色铅笔或色粉笔在需要部位涂画，即可拓印出肌理效果（图4-71）。

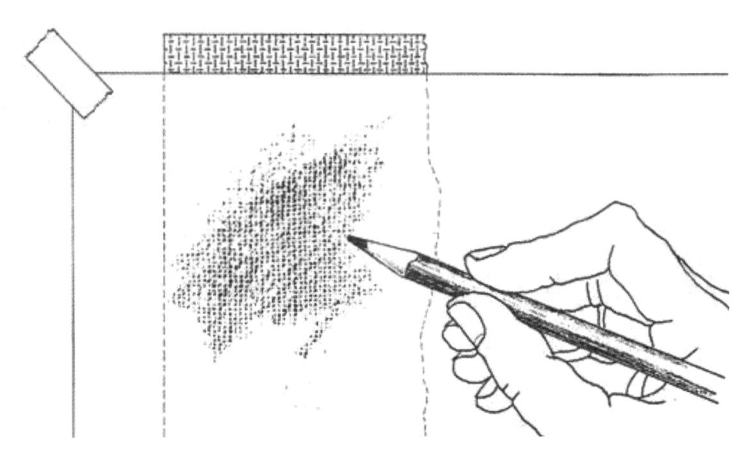

图4-71 人工肌理拓印法

第五节 产品设计效果图的艺术处理

画面构图、背景处理及画面的托裱装帧都属于效果图艺术处理的范围。这些问题的妥善解决可使效果图获得完整而良好的视觉传达效果，是效果图表现的重要方面之一。

一、画面构图

画面构图即画面的组织和布局，包括画面幅式的选择，产品在画面上的相对位置和面积大小。

1. 幅式的选择

效果图有三种基本幅式，即横式、竖式和方形（图4-72）。画面幅式的选择和其长、宽比例并无定则，通常根据描绘对象的形态、描绘的角度和方向及特定的表达意图来决定。

(a)

图4-72 效果图的三种基本幅式

(a) 横向构图

（b）　　　　　　　　　　　　（c）

图4-72　效果图的三种基本幅式（续）

（b）竖向构图；（c）方形构图

2. 产品位置的确定

产品在画面上过于偏上或偏下、偏右或偏左都会使画面显得不平衡。而产品过于居中则构图会显得呆板。通常的规律是将产品正面前方和产品下方的空间留得大一些，这样的构图比较均衡而不呆板，适合人的视觉习惯（图4-73）。

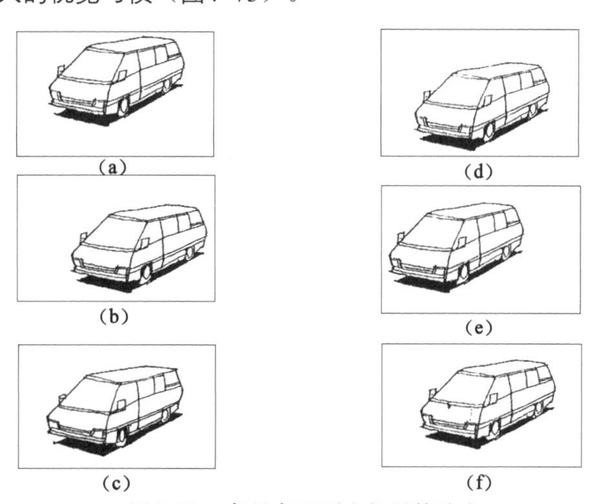

图4-73　产品在画面上位置的确定

（a）位置过高，上部有压迫感；（b）位置偏右，前景空旷；（c）位置过于居中，构图显得呆板；（d）位置过低，有下坠感；（e）位置偏左，前景局促；（f）产品位置适宜，空间构图合理

3. 画面容量的确定

画面容量即产品在画面上所占面积的大小与周围的空间的比例关系。产品面积过大，画面会显得拥塞、局促，不易表现空间感和纵深感［图4-74（a）］；反之，产品面积过小，画面则显得空旷、冷清、不紧凑［图4-74（b）］；产品大小适度，构图均衡、匀称［图4-74（c）］。

产品在画面上面积的大小，通常靠感觉和经验来决定，也可利用辅助线（画面四边中点的连线）来控制画面容量［图4-74（d）］。另外，如果产品实际体量较小，在画面上面积宜稍小

［图4-74（e）］；如果产品实际体积较大，在画面上面积宜稍大［图4-74（f）］，这样比较符合人们的视觉经验，使人对描绘对象产生相应的尺度感。

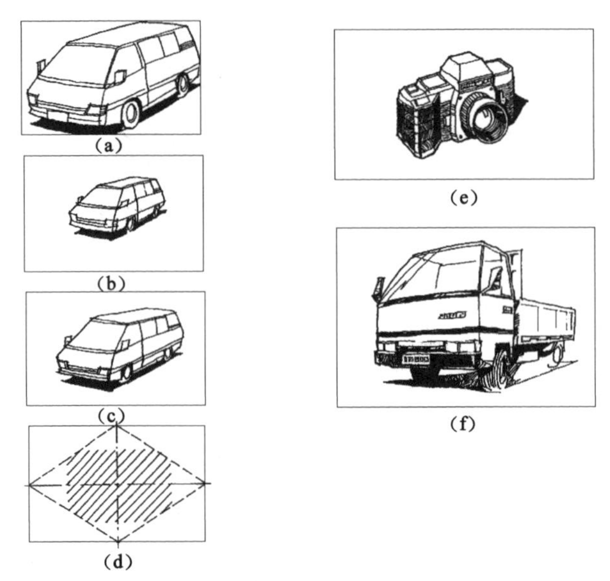

图4-74 画面容量的确定

（a）产品过大，构图拥挤，局促；（b）产品过小，画面空旷、冷清；（c）产品大小适度，构图均衡、匀称；（d）利用辅助线确定产品面积大小（e）体积较小产品，画面宜小；（f）体积较大产品，画面稍大

二、背景及装饰处理

当效果图的产品主体描绘完成后，背景和画面的装饰是产品设计表现效果图绘制程序中最后一件重要的工作。人们平时都有这种体验：一幅技艺极佳的书画作品，如果最后展示时缺乏适当的装帧或画框来烘托和装饰，其效果必然大为减色；反之，一幅表现平平的书画作品，如果配上精美的装帧和外框，就会增色不少，故有“三分画、七分裱”之说，可见最后装帧工作的重要性。同样，恰当的背景和装帧处理将提高产品设计表现效果图的整体质量，给人以良好美观的视觉印象。

效果图常用的背景处理和装帧手法如下。

1. 边框线

边框线可以是画面四边或某一边的边线，也可以是产品背景上某部分的边框线（图4-75）。边框线是最简便的背景处理手法之一，它除对画面具有一定的装饰作用外，还可以作为构图因素来补充或平衡画面的空余部分。同时，边框线还可以起到规范和界定画面空间、集聚观察者视线的作用，使之集中在画面主体形象上，而不是在画面上飘忽游移。

图4-75 边框线衬色效果

2. 背景衬色

在主体形象后面附以抽象的背景色块是最常用的背景处理形式。背景衬色不仅对画面空间起着铺垫和界定的作用，还起着烘托和反衬主体形象的作用，使其更为鲜明、突出。同时，恰当的背景衬色处理，如根据表现需要留有明显笔触方向和痕迹的衬色，可以增加画面的运动感或渲染某种气氛，使画面显得更加生动，富于变化。

背景衬色有两种基本形式，一种是满涂整个画面，这种背景色通常是在描绘产品之前就预先涂刷好的，如底色法中的应用；另一种是局部色块（图4–76），一般是在产品描绘完成后再进行涂刷的。为避免将已画好的产品涂上背景色而又要保持运笔的连贯和流畅，在涂刷背景色块前，需先用胶带纸（透明胶带纸或不干胶纸均可，但需设法勿令其粘坏已完成的画面）遮挡住产品轮廓和色块边线，再行涂施背景色块（图4–77），第一种背景色的涂施也可采用此法。

背景衬色的涂施具体有平涂、渐变渲染和留有笔触的大笔涂刷等多种手法。

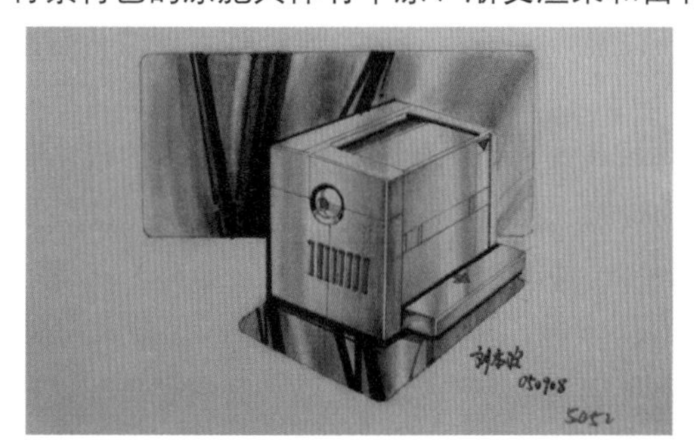

图4–76　局部背景衬色效果

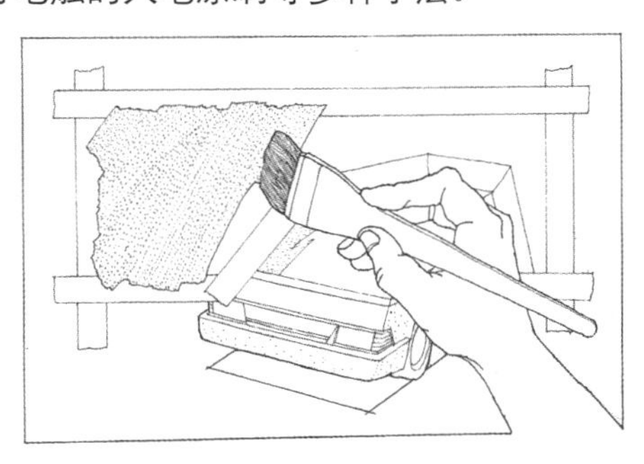

图4–77　背景色块的涂施

3. 配景和辅助图

除抽象的边框线和色块外，配景和辅助图也是常用的背景处理形式。配景常常通过对产品所处环境的描绘，增强效果图的真实感，使观察者联想到产品制成后的使用状况及产品与环境的关系。配景的绘制需要比较熟练的绘画技巧和经验，同时较为费时，简捷可行的办法是选用合适的场景照片，通过裁剪加工和粘贴，可作为理想的配景（图4–78）。

辅助图通常是产品其他角度的图形或简略的三视图，也可以是有关产品使用方式的说明图解（图4–79）。

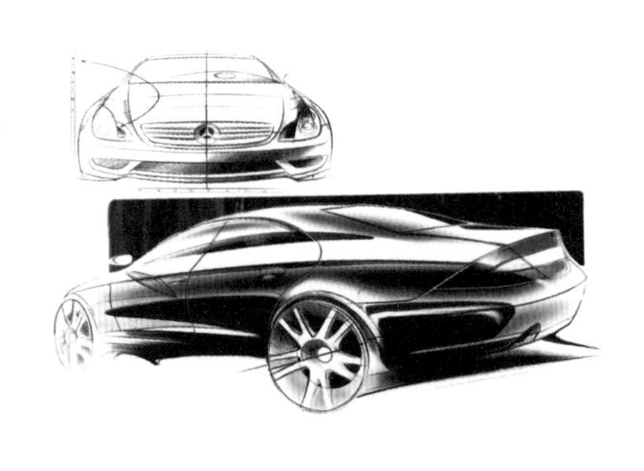

图4–78　配景

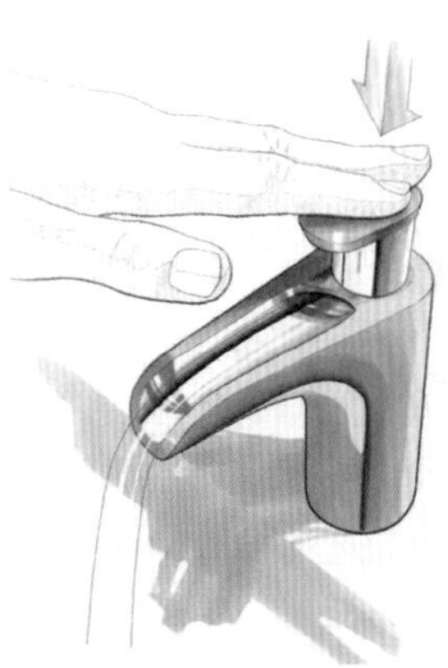

图4–79　辅助图

在绘制配景和辅助图时，对其构图、位置应精心推敲，面积一般不要超过主体形象。同时，对配景和辅助图的描绘要更加简略、概括。明暗和色彩对比要比主体部分弱，以免喧宾夺主。

4. 图面的装裱

产品设计表现效果图完成后，即可进行装裱。装裱的繁简并无定则，主要应达到两个目的：一是要利于保护和存放；二是要利于陈列展示。这里介绍一种简单易行的方法供读者参考。

（1）先将完成的效果图用裁刀裁切下图板，注意保证图幅四边的平直整齐，四角应为90°直角。

（2）裁切纸箱板（较厚的卡纸或封套纸也可）作底板，宽和高应稍大于图面3～5 cm。如果图幅尺寸较大，或展示陈列要求较高，也可用三合板或五合板或其他适宜板材做底板。

（3）在图幅背面四边或四角贴上双面胶带（注意不要使用胶水、浆糊等水性胶粘剂，以免图纸受潮而翘曲变形）并将图幅粘贴在底板上。

（4）然后用玻璃纸覆盖在整个幅面上，玻璃纸可比底板略大，以便折边粘贴在底板背面。如玻璃纸较薄不严整时，可在粘贴前使用湿毛巾润湿（注意：润湿应在玻璃纸的上面，即不接触图面那一面，以免图面的颜色遇水后发生扩散掉色或含混不清而损坏画面效果）。幅面不大的图纸也可通过压塑工艺取得同样的效果。

（5）最后在玻璃纸上贴上外框。外框边可选择合适的不干胶纸（即“即时贴”）粘贴。装裱即完成（图4–80）。

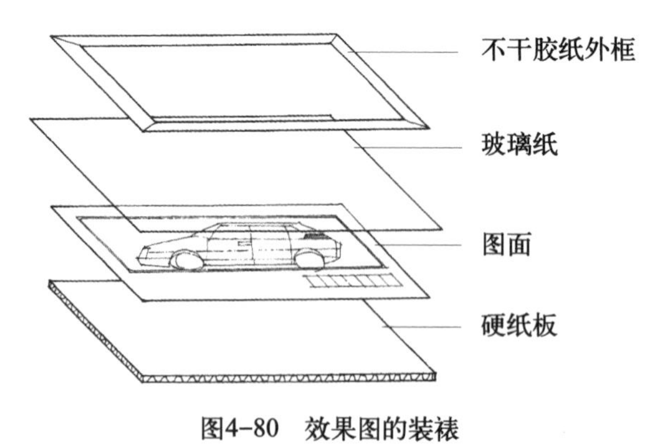

图4–80　效果图的装裱

思考题

1. 效果图表现的核心要素是什么？
2. 针对不同类型的工业产品，如何选择合适的表现技法？
3. 选择不同的工业产品进行效果图表现技法练习。

第五章 产品设计的模型表现

产品模型制作是设计师将自己的构想和创意，综合美学、工艺学、人机工程学、工程学等多学科知识，凭借对各种材料的驾驭，从而以三维形体的实物来表现设计构想，并以一定的加工工艺及手段来实现设计思想形象化的过程。产品模型在设计师将构想以形体、色彩、尺寸、材质进行具象化的整合过程中，不断地表达着设计师对自己创意的体验。同时，产品模型为设计师与工程技术人员进行交流，进一步调整、修改和完善设计方案、检验设计方案的合理性提供有效的参照，使设计师的设计构想通过模型得到检验与完善。因此，模型制作已经成为产品设计过程中不可缺少的一个重要环节。

产品设计表现中的模型制作，不能理解为工程机械制造中铸造形体的模型，它的功能也不是单纯的外表造型，或模仿照搬别人产品，更不是一种多余的重复性的工作，而是以创新精神开发新产品，制作出新的完整的立体形象的重要过程。产品模型制作的实质是体现一种设计创造的理念、方法和步骤，是一种综合的创造性活动。

在产品设计过程中，模型制作的意义主要体现在以下几个方面：

（1）通过模型，设计师可以三维的形体来直观地表现自己的设计意图，呈现作品最终形态，这种表现手法比手绘的产品效果图、计算机绘制的渲染效果图、产品设计草图、结构尺寸图等一些表现手法更形象、更直观，因为在现实中，虚拟的图形、平面的图形与真实的立体实物之间有巨大的差别。常用的手绘设计表现图、计算机建模渲染的效果图，由于都是基于二维平面的视图，不具有真实的和可触、可感的形态，它们对产品的色彩、质感方面的表达具有相当的局限性，而通过模型制作能弥补这些不足。

（2）在制作产品模型的过程中，模型真实的、可触的、可感的形态能让设计师对自己的产品有更多的体验，从而使制作的过程成为设计师不断对设计方案进行检讨、推敲、评估、修正，使设计不断趋于更加合理的过程（如研究产品形态与产品的内部结构的协调关系；研究产品形态与人机的适应性、操作性和环境的关系；研究和审核造型材料及表面处理的艺术效果与形态关系；研究和审核生产、装配、维修等结构上综合因素与系统的关系）。

（3）通过产品模型三维的实体、翔实的尺寸和比例、真实的色彩和材质，可以使消费者更详尽地了解设计构思，甚至使消费者通过对产品模型的评价而参与产品的进一步设计和改良，同时，通过消费者对模型的评价也能使设计者更明确地了解消费者的意向和需求，缩短了设计者和消费者之间的距离。更有利于设计生产出符合消费者需求的优秀的工业产品。

（4）企业可以将产品模型作为一个试探市场的有效手段，特别是企业在批量生产之前，先投放一批试用工程样机供工程技术人员、市场销售人员、部分消费者进行试用，以获得最真实的使用评价，再对产品进行进一步的优化后投放市场，可以在节约生产成本的同时，使后期设计更加合理、更加满足消费者的需求，从而有利于更快地开拓和占领市场。

第一节 产品设计模型表现基础

一、产品设计模型的概念

产品设计模型是指产品设计过程中以立体形态进行设计表达的一种形式。模型的表达首先是以设计方案为原始依据，按照一定的尺寸比例，选择合适的模型材料，最终制作完成接近真实的产品立体模型。

本质上工业产品都是以三维的物质形式呈现的，在产品设计过程中所涉及的问题，如形态（包括研究形态与内部机构、形态与人的关系）、技术（包括研究结构与实际加工的关系）、材料（包括选择与生产技术相适应的材料）等，如果仅以二维的画面来表现，往往有许多困难之处。因此，模型制作的目的就是用立体的形式把这些在二维画面上无法充分展示的内容表现出来。

二、产品设计模型的特性

1. 直观性

与设计表现图的平面形象不同，产品设计模型是具有三维空间的实体，可以通过视觉、触觉等感官真实地去感受，这种亲临其境的效果是模型制作所独有的。因而，模型是一种被普遍运用的最直观的、具有真实感的设计表现形式。

2. 完整性

产品设计模型的制作体现了一定的精确度和完整性。产品设计是一个逐步改进、逐步完善的过程，作为设计的一个重要环节，可以通过模型制作的过程对设计方案进行改进或调整，使其更加精确合理。由于平面方案图的表示与三维实体存在视觉上的差异，这种差异性也需要通过模型制作加以纠正。所以，产品设计模型无论在整体外观上还是在细节处理上，都具有完整性和统一协调性。

3. 真实性

产品设计模型所表达的是未来产品的真实效果，不仅可以通过三维的形态真实地展现产品的形态机能、构造、制造、材料、色彩、肌理、人机交互的设计特点，还表达了产品设计的形态语义和美学信息。因此，产品设计模型的制作是理性与感性结合的真实性传递过程，能最大限度、真实的体现出设计师的设计构思结果，体现出设计师的设计意图。

三、产品设计模型制作的常用工具

1. 量具

量具是在模型制作的过程中，用来测量模型材料尺寸、角度的工具。常见的量具有直尺、卷尺、游标卡尺、直角尺、组合角尺、万能角度尺、内卡钳、外卡钳、水平尺等（图5–1、图5–2）。

图5–1　直尺、角尺

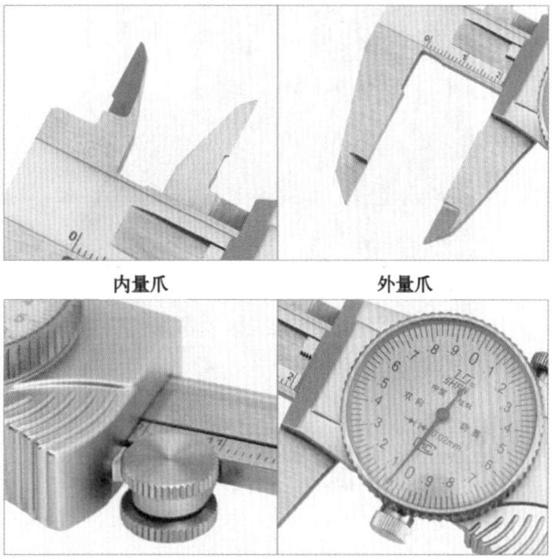

内量爪　外量爪

推动滚轮　表盘

图5–2　内、外卡尺

2. 画线工具

画线工具是根据图纸或实物的几何形状尺寸，在待加工模型工件表面画出加工界限的工具。常见的画线工具有划针、划规、高度划尺、划线盘、划线平台、方箱、圆规等（图5–3、图5–4）。

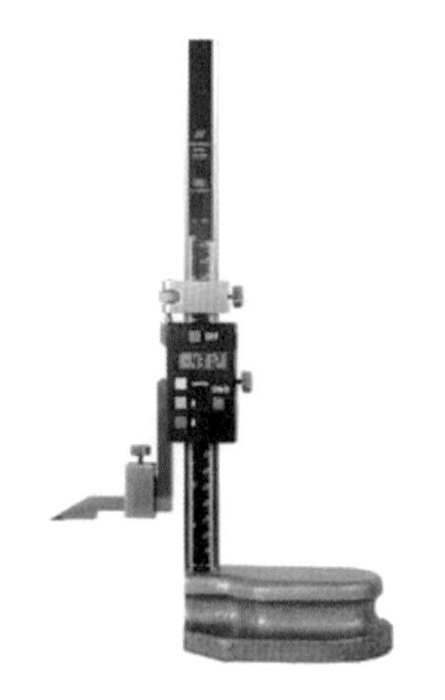

图5-3　高度划尺

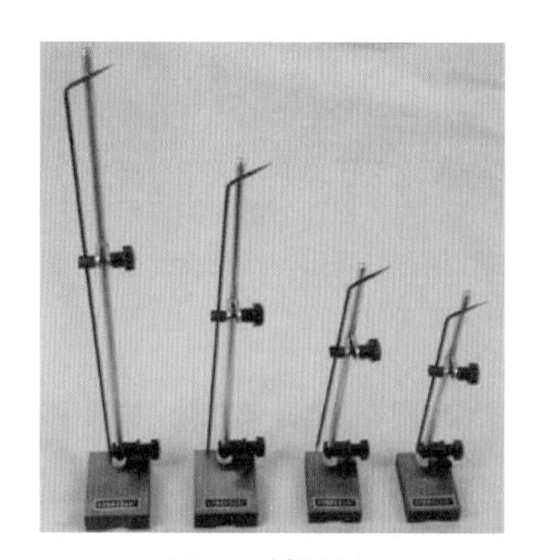

图5-4　划线平台

3. 切割工具

用金属刃口或锯齿，分割模型材料或工件的加工方法称为切割。常见的切割工具有多用刀、勾刀、剪刀、曲线锯等（图5-5～图5-8）。

图5-5　切刀

图5-6　金属剪刀

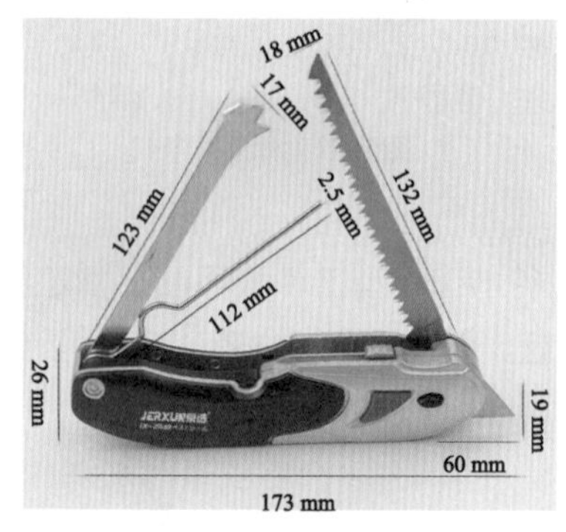

图5-7　多功能切割工具

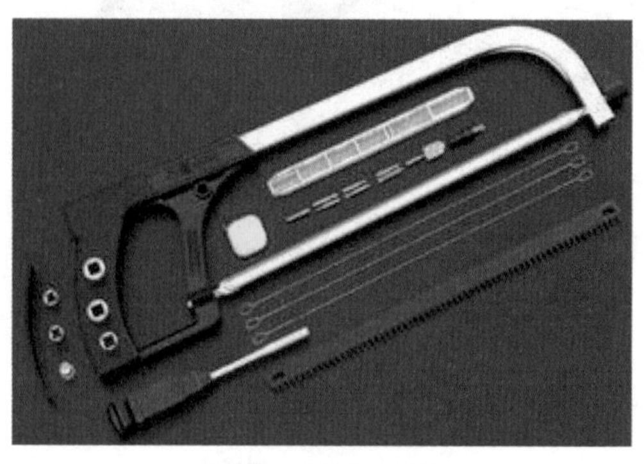

图5-8　钢锯、线锯

4. 锉削工具

锉削工具主要用来锉削工件上多余的边量，使其达到所需的尺寸要求、形状和表面粗糙度。常见的锉削工具有各种锉刀、砂轮机、修边机等（图5-9～图5-12）。

图5-9 锉刀

图5-10 砂轮机

图5-11 平面锉削机

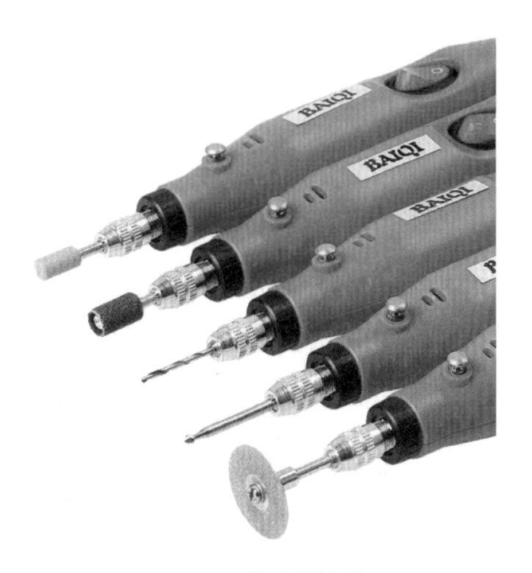

图5-12 修边雕刻机

5. 装卡工具

装卡工具是能夹紧固定材料和工件以便于进行加工的工具。常用的装卡工具有台钳、平口钳、手钳、木工台钳（图5-13）等。

6. 钻孔工具

钻孔工具是在材料和工件上加工圆孔的工具。常用的钻孔工具有电钻、台钻及各种钻头等（图5-14、图5-15）。

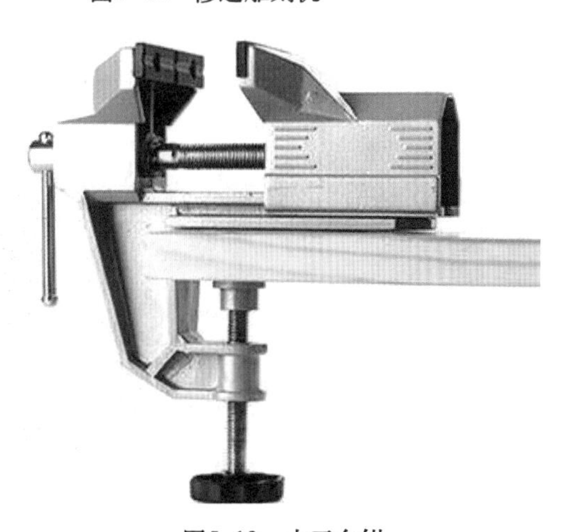

图5-13 木工台钳

图5-14　手电钻

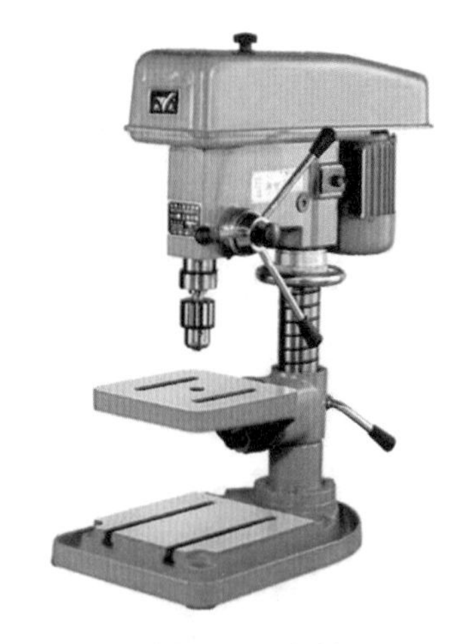

图5-15　台钻

7. 冲击工具

冲击工具是指利用重力产生冲击力的敲打工具。常用的冲击工具有斧、木工锤、橡皮锤等（图5-16）。

8. 鉴凿工具

鉴凿工具是指利用人力冲击金属的刃口，对金属或非金属材料进行切削的工具。常用的鉴凿工具有金工凿、木工凿、塑料凿刀等（图5-17～图5-20）。

图5-16　冲击工具

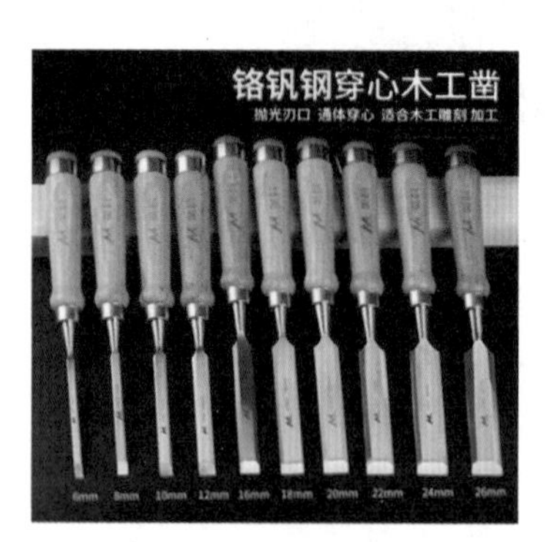

图5-17　木工凿孔工具

图5-18　木工刨切工具

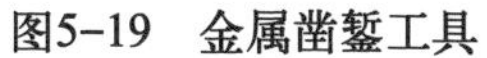

图5-19　金属凿錾工具

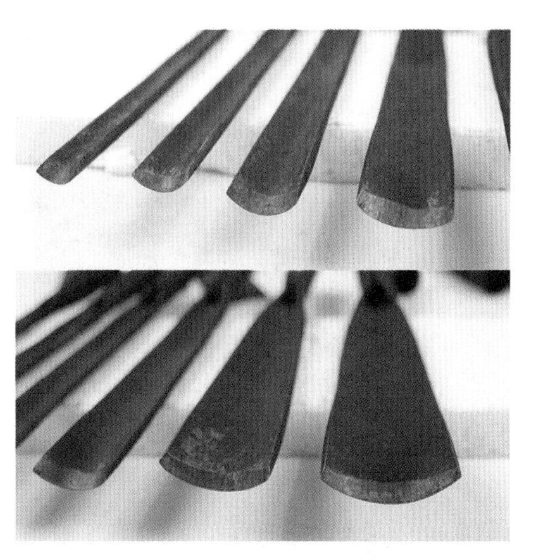

图5-20　金属凿錾切口

9. 攻丝套丝工具

攻丝套丝工具是指在金属材料上加工内外螺纹的工具。常用的攻丝套丝工具有丝锥、板牙和板牙架等（图5-21～图5-23）。

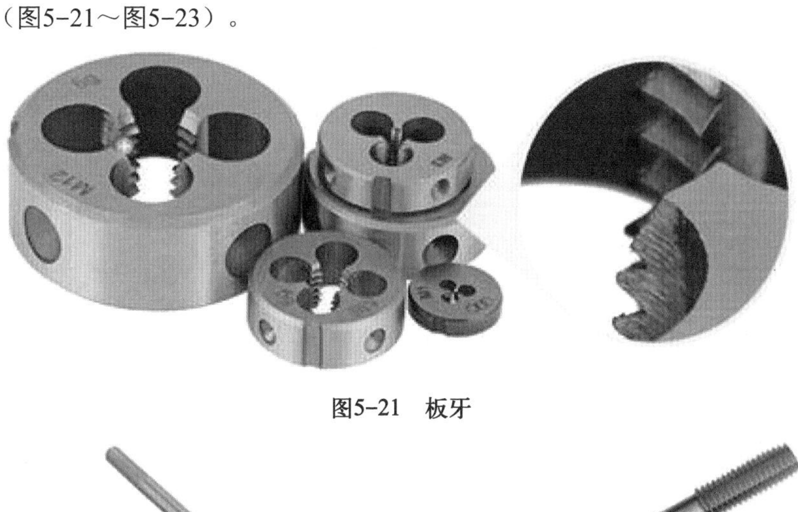

图5-21　板牙

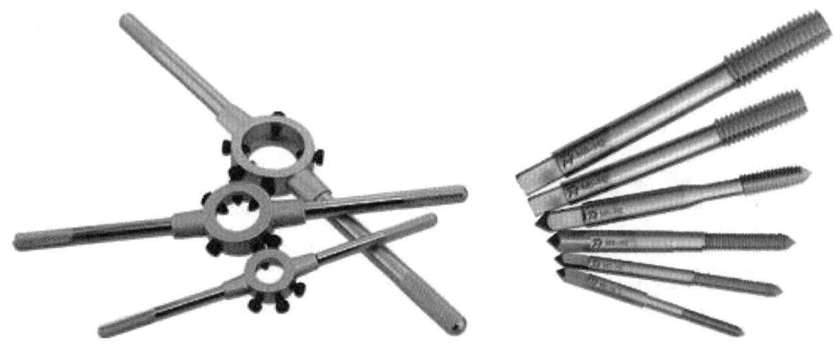

图5-22　板牙架

图5-23　丝锥

10. 装配工具

装配工具是指用于紧固或松、卸螺栓的工具。常用的装配工具有螺丝刀、钢丝钳、扳手等（图5-24～图5-26）。

图5-24　装配工具套装

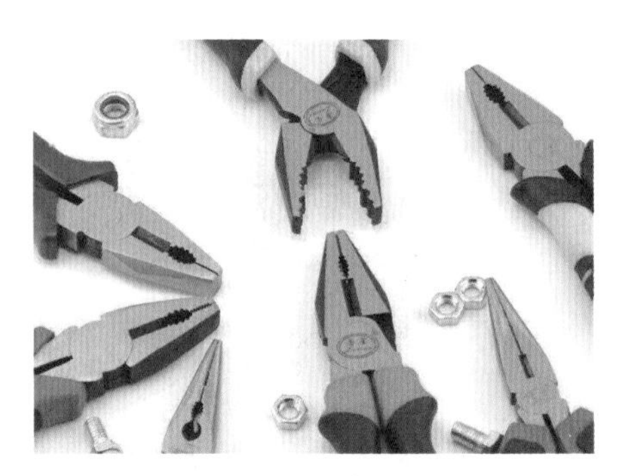

图5-25　手工钳

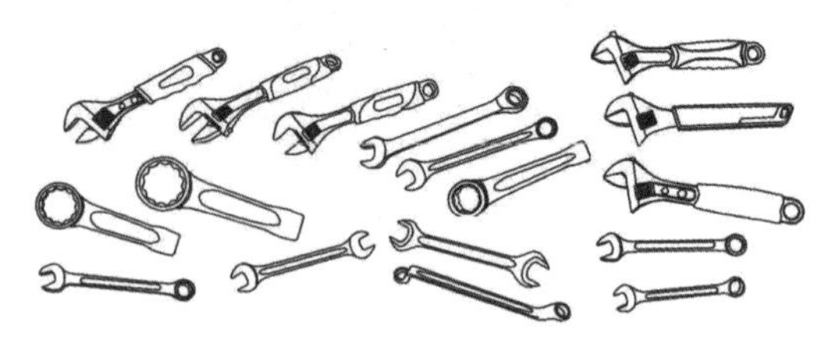

图5-26　各式扳手

11. 加热及焊接工具

加热及焊接工具是指能够产生热能的工具。常用的加热及焊接工具有吹风机、塑料焊枪、电烙铁等（图5-27～图5-29）。其主要用于对材料局部加热成型。

图5-27　吹风机

图5-28　塑料焊枪

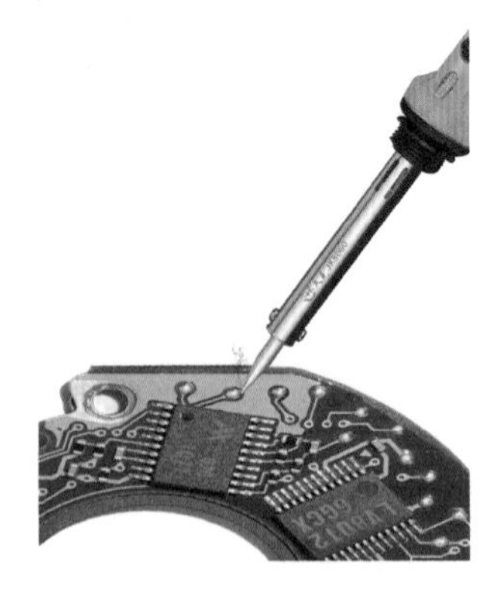

图5-29　电烙铁

四、产品设计模型制作的辅助材料

在产品设计模型制作的过程中，除使用模型成型材料外，还需要使用一些辅助材料，如胶粘剂、腻子、涂料及辅助加工材料等。

1. 胶粘剂

胶粘剂主要用于材料之间的直接连接，因为胶粘不需要特定的结构支持，因此，胶粘是最快捷、方便的连接形式（图5-30）。但是由于没有相应的结构支持，连接的强度不是非常理想，一般会与其他结构连接配合使用。

图5-30　PVC胶粘剂

2. 腻子

在产品模型涂漆之前，为使模型的表面平整光滑，常用腻子对产品表面的凹坑进行填补以提高产品的外观质量。腻子经过打磨后，表面光滑，同时与其他材料融为一体，不容易脱落，也方便进行后期的喷漆等表面处理工艺（图5-31）。

3. 涂料（油漆）

涂料是一种以高分子有机材料为主的防护装饰性材料，是一种能涂敷在产品或物体表面上，并能在被涂物的表面上结成完整而坚硬的保护涂膜（图5-32）。

在产品设计模型制作中，涂料是产品模型外观的重要表现材料。它既能保护模型表面质量，又能增加模型的美观。由纸、泥、石膏等材料制作的研究模型一般不需涂漆，需要涂漆的模型以木材、金属、塑料材料制作的产品模型为主。常用的涂料有醇酸涂料和硝基涂料。

（1）醇酸涂料。醇酸涂料是以醇酸树脂为主要成膜物质的涂料。醇酸涂料的主要特点是能在室温条件下自干成膜，涂膜具有良好的弹性和耐冲击性，涂膜丰满光亮、平整坚韧、保光性和耐久性良好，具有较高的黏附性、柔韧性和机械强度，且施工方便，价格比硝基涂料便宜。

（2）硝基涂料。硝基涂料是以硝化纤维素（硝化棉）为主要成膜物质，加入合成树脂、增塑剂及溶剂而成的易挥发型涂料，又称喷漆。

图5-31　原子灰腻子

图5-32　各种喷漆

4. 辅助加工工具

在产品设计模型制作过程中，常用的辅助加工工具有研磨材料、抛光材料及五金加工材料等（图5-33、图5-34）。

图5-33　研磨砂纸

图5-34　抛光工具

第二节　产品设计模型的表现形式和分类

一、产品设计模型制作的表现形式

产品设计模型的种类有很多，表现形式也很丰富。依据产品设计过程表达目的的不同，可以将产品的模型制作大致分为工作模型、展示模型和实物模型三大类。

1. 工作模型

工作模型又称概念模型、草模型，是指设计师在设计构思阶段的模型。设计师为了发现、确认构思，为了掌握与发展自己对产品形态的把控，快速制作而成，仅供自身研究使用，而不向他人展示的模型，一般都用容易得到、易于加工的材料，如黏土、卡纸、发泡塑料、木材与金属等制作。它的功能是为了解产品形态的构造、工艺和使用特性，进而验证人、物、环境的合理关系和产品功能的可行性，属于设计研究型的模型。

2. 展示模型

展示模型又称外观模型、仿真模型，是在设计方案基本确定后，为了提供给有关各方对设计进行研讨评价、向委托方展示、向生产部门传达设计目的而制作的模型。一般展示模型不包含内部机构，但与最终产品的外形是非常一致。展示模型可供进行美学评价和商业宣传展示。

3. 实物模型

实物模型又称功能模型、样机模型，是为了在批量生产之前，研究生产工艺，生产出外形、材料及内部机构等均与投产后生产的产品相同的试制品。这种样机模型还可以在最后投产之前作产品功能与性能的测试之用。

二、产品设计模型制作的分类

产品设计模型受材料特性影响而具有各自不同的形式，它们也是设计师经常实践的内容。现根据常用材料对产品设计模型做如下分类。

1. 吸塑模型

吸塑模型是利用薄型聚氯乙烯板（0.5 mn）在简易复合密封铝制模腔内加热，并抽真空整体成型，然后进行二次加工及装饰的模型。它具有一致性、完整性、边缘转折和厚薄均匀等优点，但是由于它需要生产模具，费时费工、资金较多，且模型体质较软和无法细微刻画的不足，故不常采用（图5-35）。

图5-35　吸塑餐具

2. 石膏模型

石膏模型是利用雕塑石膏粉与水调和浇注基本成型后，手工进行旋削（车制）或刻制成型的模型。它虽然具有无法对产品内部功能和结构进行考证，以及其细部难以刻画的局限性，但是，由于它具有制作简便、成本低、时间短等优点，能赋予模型美观的形态，因此，成为设计师经常采用的模型材料（图5-36～图5-38）。

图5-36　大卫石膏像

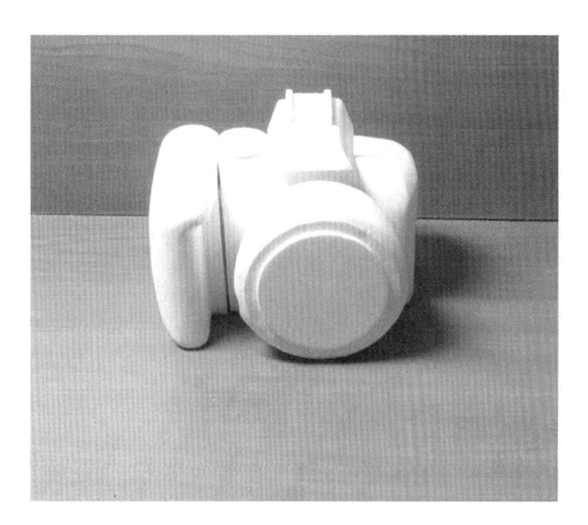

图5-37　照相机石膏模型

图5-38 汽车石膏模型

3. 油泥模型

油泥模型是用油泥（可用彩色油泥）以手工技艺成型后，对表面进行二次装饰技术加工的模型。其具有制作快、可变形和及时表达设计思想的优点。利用优质油泥棒做汽车模型，能接受手加工或机加工，成型后能承受一定的功能检验，但是选用一般的油泥，将会有坚硬度较低、难保留、不能测定内部功能和细部难以深入的缺点（图5-39）。

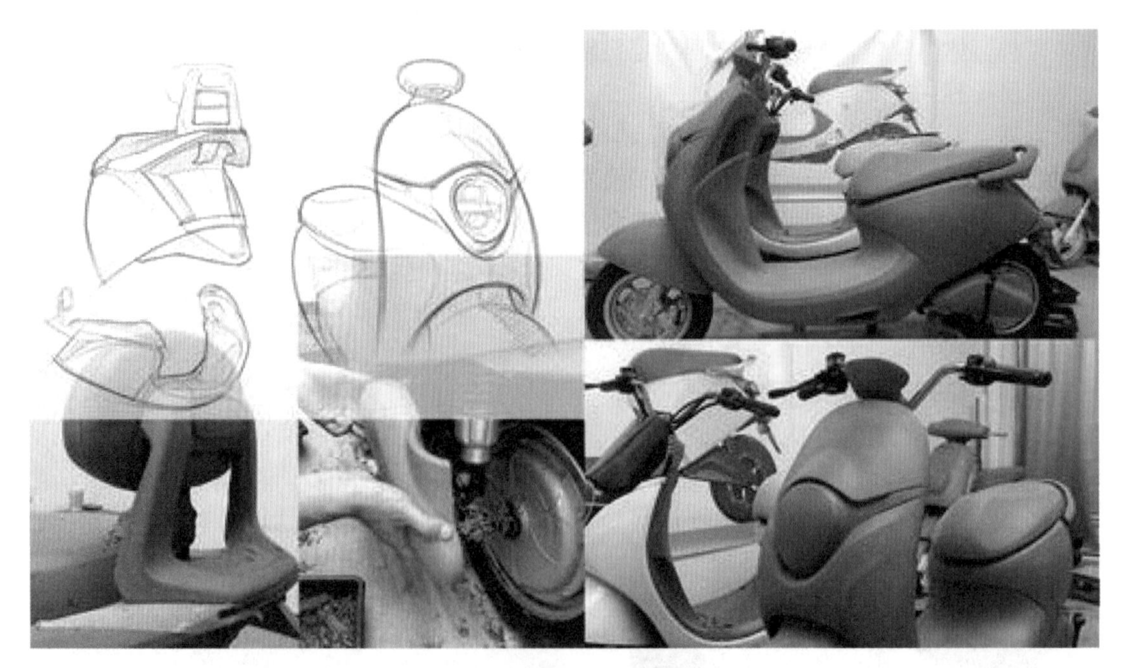

图5-39 摩托车油泥模型

4. 黏土模型

黏土模型是利用可塑性黏土（雕塑土最好），以雕塑手工技艺成型，待干燥后进行表面二次装饰技术加工的模型。其具有石膏模型和油泥模型的优点，而且材料来源丰富，成本较低，自由修改和有一定的坚硬度等特点。但是，黏土选择和调合不好，模型易开裂，因而其也存在内部功能和细部刻画不足等缺点（图5–40、图5–41）。

图5–40　照相机黏土模型

图5–41　陶罐黏土模型

5. 木质模型

木质模型是利用各种不同质地的木板、木料、夹板、复合板等木质材料，以木工技艺成型后，再进行表面二次加工和装饰的模型。虽然其具有对小模型加工困难，并受木工工具、技艺能力限制，而且不能对方案进行深刻论证，以及功能直接发挥的实用性不足等缺点，但是，由于材料特性和成型工艺多样及可有专业人员配合，现已成为设计师最常用的模型形式（图5–42、图5–43）。

图5–42　叉车玩具木质模型

图5–43　吉普车玩具木质模型

6. 纸质模型

纸质模型是先利用模型纸板进行手工裁剪粘贴成型，然后进行表面二次装饰技术的模型。其具有制作时间快、简便、经济、轻巧等优点，但也存在体态软弱、难以携带，实用性和真实性不足的缺点（图5–44、图5–45）。

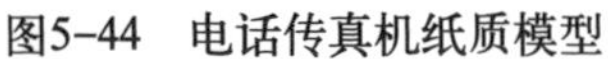

图5-44　电话传真机纸质模型

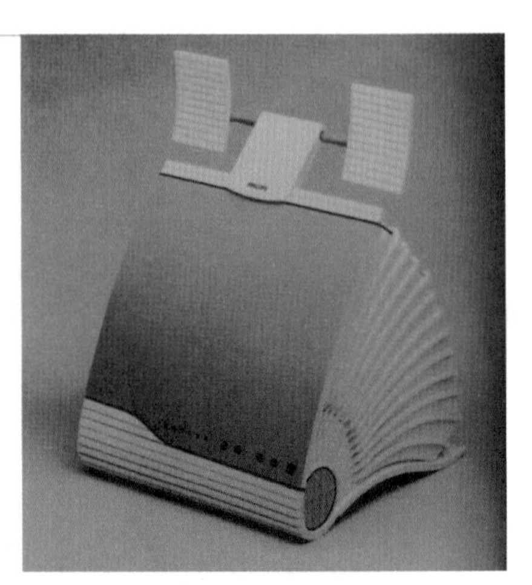

图5-45　打字机木质模型

7. 金属模型

金属模型是利用铁、铝、铜等金属板材、棒材、型材，以金工或机械加工工艺成型后，进行二次加工和装饰的模型。其是实用价值最高、真实感最强的模型。但是，由于制作工序多，制作者的劳动强度大，需要机械设备、场地、手工技术，是设计者个人制作难度较大的模型（图5-46）。

8. 泡沫塑料模型

泡沫塑料模型是用聚乙烯、聚苯乙烯、聚氨酯等泡沫塑料经裁切、电热切割和粘结结合等方式制作而成的模型。根据模型的使用要求，可选用不同发泡率的泡沫塑料。密度低的泡沫塑料不易进行精细的刻画加工；密度高的泡沫塑料可根据需要进行适当的细部加工。这类模型不易直接着色涂饰，需进行表面处理后才能涂饰，适宜制作形状不太复杂、形体较大的产品模型，多用作设计初期阶段的研究模型（图5-47）。

图5-46　金属模型

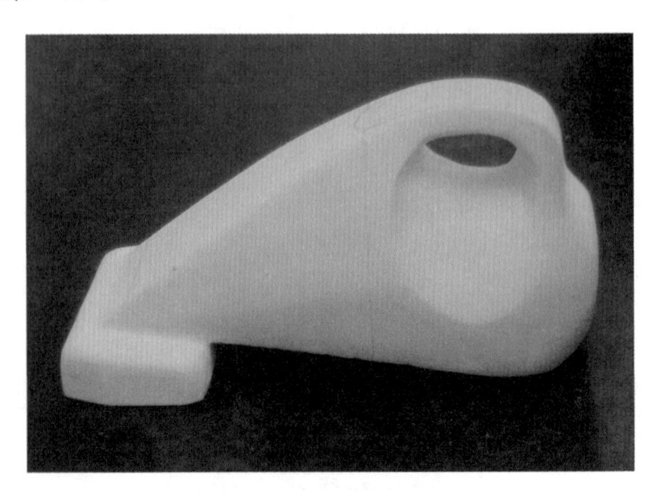

图5-47　泡沫塑料模型

9. ABS工程塑料模型

ABS工程塑料模型是利用有机玻璃或ABS塑料，以手工工艺成型后，再给予二次装饰技术的模型。它虽然具有较高的设计制作技术、加工工具和专用工具（工装夹具等二类工具），以及费时和安全性规定等缺点，但是，由于ABS工程塑料规格齐全，可加工性极强，制作成的模型有很高的真实性和实用性，以及便于设计方案论证和长期保留等优点，因此，ABS工程塑料模型已成为当今设计师最常用的模型材料（图5-48）。

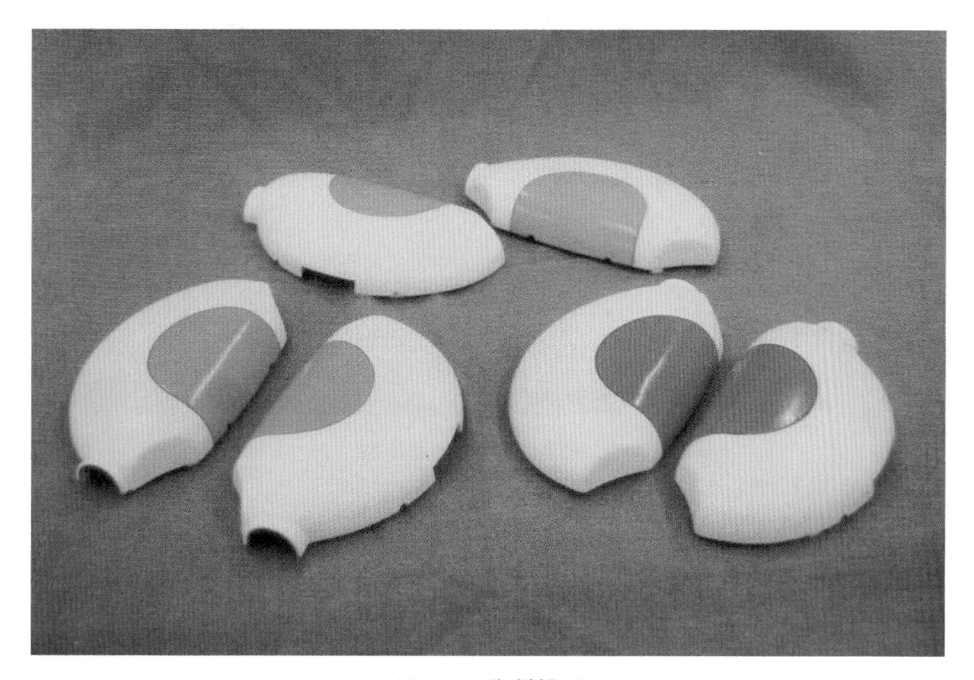

图5-48　塑料模型

10. 玻璃钢模型

玻璃钢模型是用环氧树脂或聚酯树脂与玻璃纤维制作的模型，多采用手糊成型法。玻璃钢模型强度高，耐冲击不易破碎，表面易涂装处理，可长期保存，但操作程序复杂，需要预先制作产品模具，不能直接成型。玻璃钢模型常用作展示模型和工作模型（图5-49、图5-50）。

图5-49　玻璃钢儿童玩具

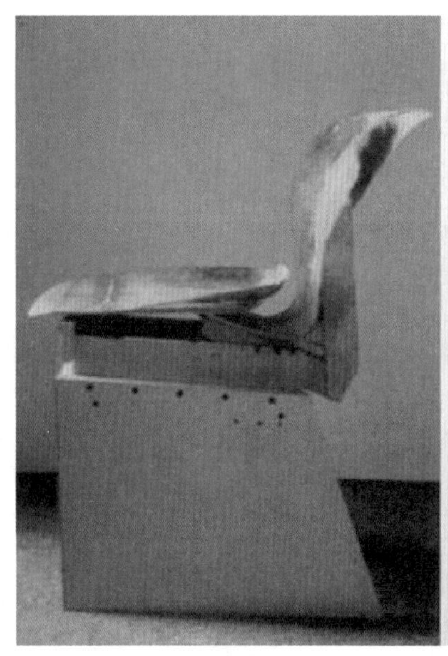

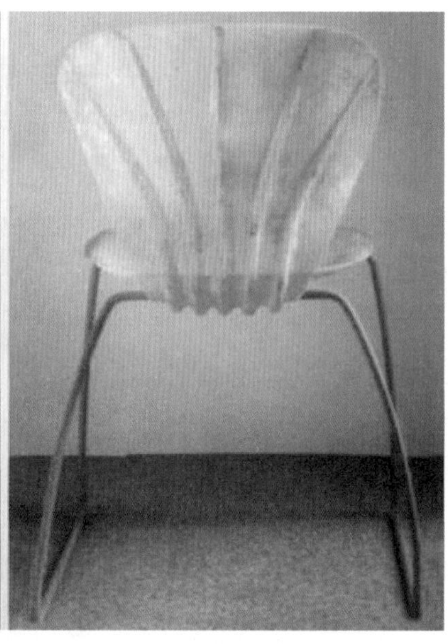

图5-50　玻璃钢座椅模型

11. 综合材料模型

通常情况下，一件标准的现代模型设计制作，是利用不同材料在不同加工技艺下有机组合成的模型，这种模型叫作综合材料模型。它为设计师的意图和设计效果营造极佳效应，自然地成为常见模型（图5-51、图5-52）。

图5-51　小型无人运输车模型

图5-52　多功能信息显示器模型

第三节　产品设计模型的表现技法

产品设计模型因使用材料不同所用的加工方法也是不同的。常用材料的模型制作工艺与技术主要有以下几种。

一、石膏模型设计制作

1. 石膏的成分与特性

石膏是模型制作的常用材料。石膏与水混合在短时间内可以凝固成结实的固体，凝固后，可以随意地进行拉刮、切割、旋切等造型。定型后，稳定性好，干湿引起的变化不大，价格便宜，制作简单，适用做外观形态模型。

石膏中加入一些添加剂可以调节石膏硬化的速度，在石膏中加入占石膏质量0.1%～1%的食盐、硫酸钾、氯化钾、水溶液可以加速硬化，加入碳酸氢钠等水溶液剂会延迟硬化；石膏模型设计制作时水与石膏的比例为1∶1.2，温度以30 ℃为理想状态。

2. 石膏模型设计制作的工具

（1）雕刻工具：美工刀、界刀、铲刀、雕塑用刀、调刀、刮子等。

（2）旋切工具：手动转盘、电动转盘、手摇旋切、旋转刮板等。

（3）调浆工具：盘子、碗、勺子、搅拌棒、筛网等。

（4）翻模工具：麻丝、脱模剂、刷子、木榔头等。

（5）测量与其他工具：工作平台、玻璃板、直尺、三角尺、角尺、线尺、画线针台、游标卡尺、内外卡规等。

3. 石膏模型设计制作的辅助材料

（1）麻丝。麻丝是天然植物，用麻皮加工而成，用于石膏模型翻模时起加强作用。

（2）水。水是石膏模型设计制作必不可少的材料，水与石膏的配合比影响石膏的凝固时间。

4. 石膏模型制作的方法

石膏模型的成型方法一般有三种形式：第一种是先浇注一块稍大于所作产品尺寸的石膏块，然后进行切削、雕刻、表面处理，最后成型；第二种是表面先用黏土或油泥塑造形态，经过翻制模型后，再用石膏浇注而成；第三种是经过浇注成粗模型后以机械的方式旋刮而成，这种方式比较适合于柱状的造型。图5-53所示为浇注石膏模型的挡板。

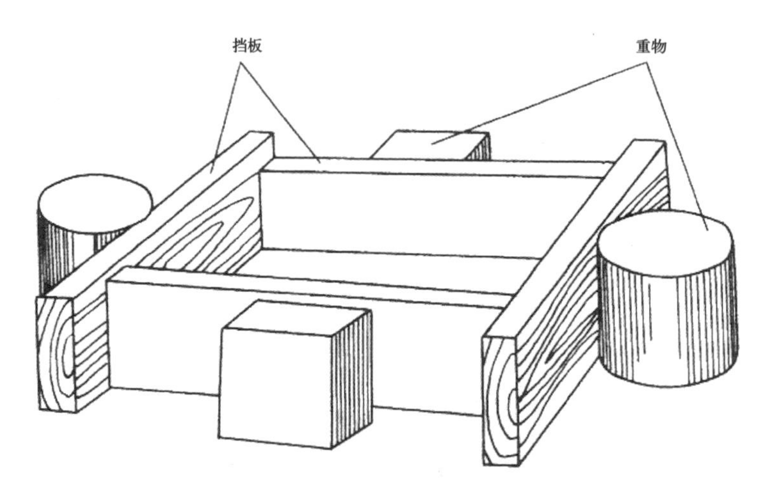

图5-53　浇注石膏模型的挡板

水壶石膏模型的制作过程如图5-54所示。

(a)

(b)

图5-54　水壶石膏模型的制作过程

(a) 浇注壶体；(b) 壶体加工与测量

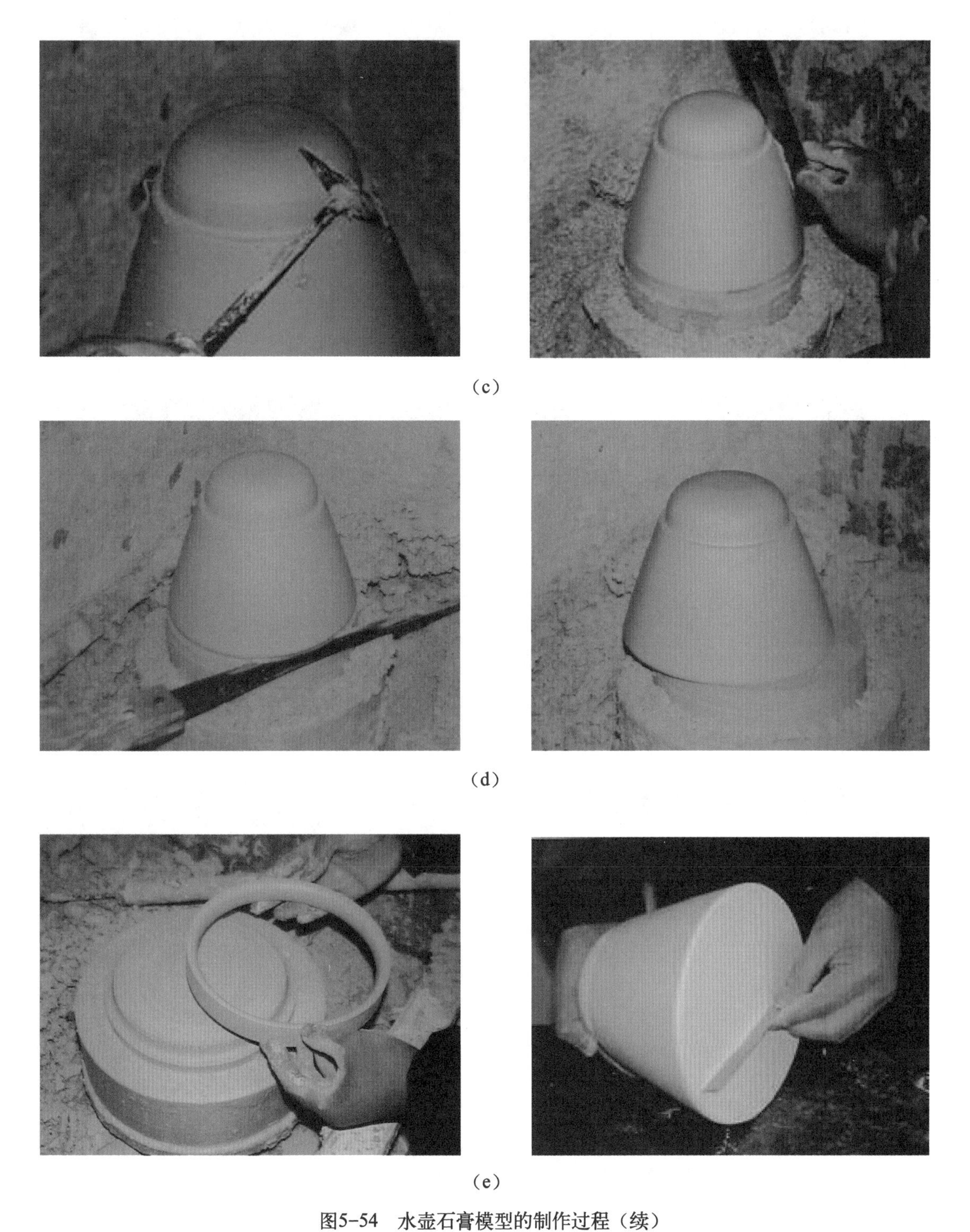

（c）

（d）

（e）

图5-54　水壶石膏模型的制作过程（续）

（c）壶盖与壶体的成型；（d）壶体的切割；（e）壶把成型与壶底修饰

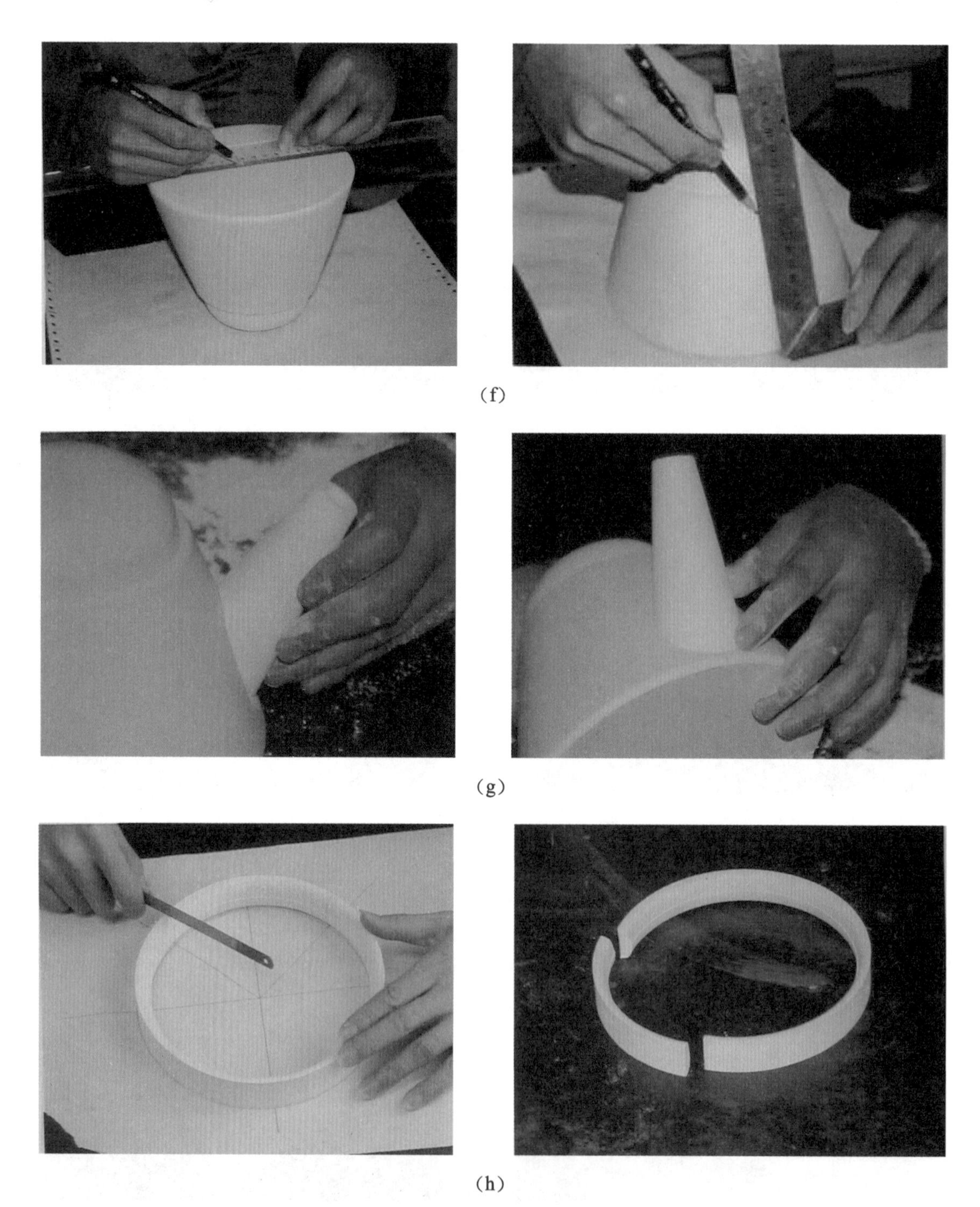

（f）

（g）

（h）

图5-54　水壶石膏模型的制作过程（续）

（f）壶把及壶嘴的定位；（g）壶嘴的安装；（h）壶把的加工与切割

（i）

图5-54　水壶石膏模型的制作过程（续）

（i）壶把的安装与整体成型

二、工程塑料模型设计制作

工业塑料是一个大家族，随着化工事业的发展，成员将会更多，在这个大家族中，经过实践和筛选，普遍认为热塑性塑料中的有机玻璃、ABS和PVC塑料是现代模型设计制作的最佳材质，被普遍采用。另外，需要木质三合板、五合板、木板等供工程塑料热成型时做套模使用。

1. 工程塑料的加工特性

（1）工程塑料具备尺寸稳定、形态稳固、表面光泽平整、质轻耐腐、良好的机械强度等属性。

（2）工程塑料可手工或机械钻孔、抛光、刨平、锉齐整、锯截、划断及车、铣、刨等加工成型。

（3）工程塑料有韧性，有弹性，易于刻画与截取，还可受热任意成型。

（4）工程塑料来源丰富、规格齐全、色彩多样。

（5）有机玻璃工程塑料表面易喷涂、丝印、烫印等二次加工，且能进行手工或机械加工，使表面具有强烈的折射光效应和热预制肌理、纹理成型的特性。

（6）工程塑料在四氯甲烷（也称氯仿）粘合下可快速成型，壁厚均匀，能体现内部功能，并可长期保存，因此，工程塑料是当前现代模型设计制作最理想的材料。

2. 工程塑料模型制作的成型工艺与技术（图5-55～图5-60）

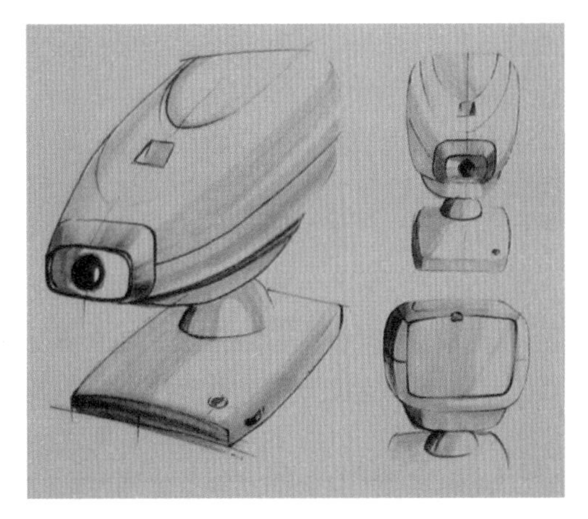

图5-55　图形的设计

（1）工程塑料的开料：在开料前必须按照所设

计的产品造型形态，绘制出每个结构部分的展开平面图形，并标注好详细的尺寸，然后根据展开图进行材料的切割，实际操作时应比实际尺寸适当放宽一些，为以后的精细处理留有加工余地。工程塑料板的厚度应根据模型所需要的厚度、强度及加工时的易难程度进行选择。

不同形状的塑料料块，切割应选择不同的工具：如切割直线形的料块使用钩刀就能完成；而带曲线形的板材则需要使用线锯或电动切割机；切割较厚的板材需使用手锯。

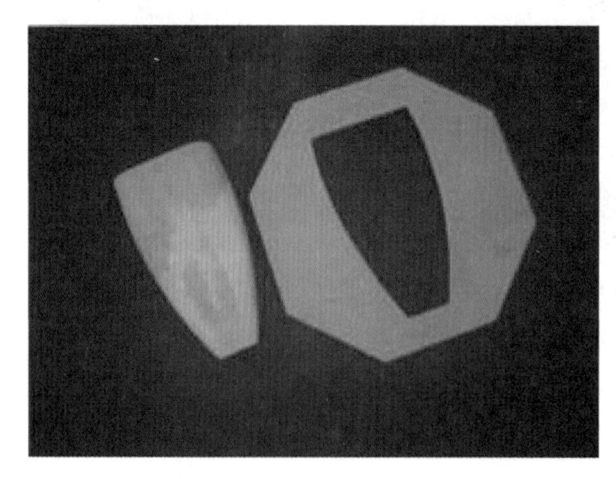

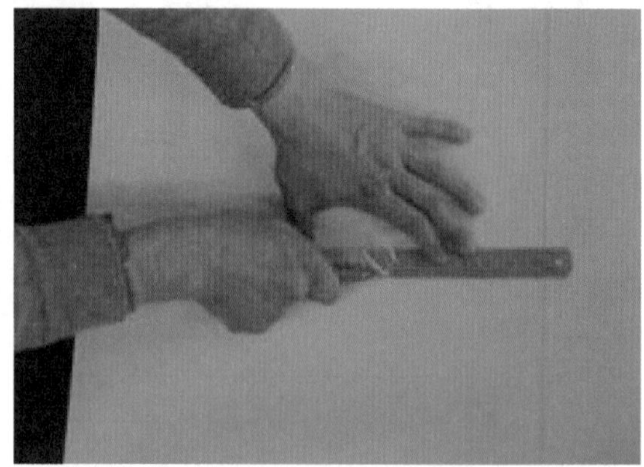

图5-56 制作模具与下料

（2）工程塑料的修正与打磨：塑料板经切割后，形状和尺寸尚未达到一定的精确度，因此需要进行轮廓修正。在修正时，必须将部件夹在台虎钳上，用锉刀细心修正（为了提高锉刀的工作效率，必须经常用刷子将附粘在锉刀上的塑料粉末清除掉）。修正后的部件轮廓再用砂纸轻轻打磨，在达到图样上所规定的尺寸后就可进行粘结。

（3）工程塑料的粘结：在塑料模型的制作过程中，大部分的部件是靠塑料板之间的粘结而成。粘结有机玻璃和ABS塑料板都采用三氯甲烷或四氯甲烷作为胶粘剂。

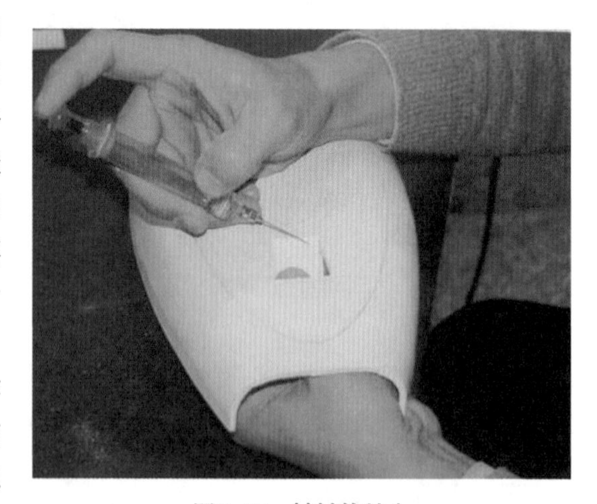

图5-57 材料的粘合

（4）曲面成型：塑料曲面成型一般需要一定的工具和设备，单曲面成型比较容易，只要把塑料放在电烤箱内加热到一定温度后取出进行弯曲即可。双曲面成型较复杂，一般需借助真空吸塑机来完成。操作步骤：按形体特征制作木质模型，然后将木质模型放入真空吸塑机内，并在木质模型上覆盖一张1～2 mm厚的ABS塑料板，通电后塑料板即软化，然后利用机内抽成真空后的压力使塑料板均匀地吸附在木质模型表面，数分钟后取出模型，将木质模型剥离，就能获得一个具有中空的塑料模型部件。利用真空吸塑机加工像汽车、船艇、吸尘器、灯罩等带有曲面的壳体模型十分方便，并能较好地达到设计的要求。若在加工这类壳体部件时没有真空吸塑机，则需用手工来完成，在具体操作前应先用石膏或发泡塑料做好相应的模子，将塑料板在电烤箱内加热后再用模子压成。

图5-58　材料的加热

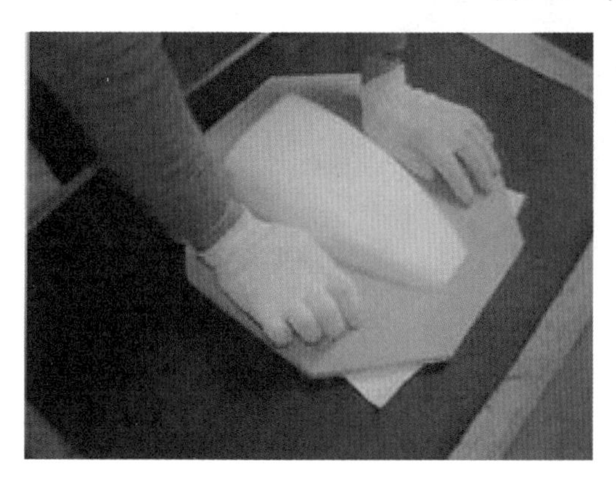
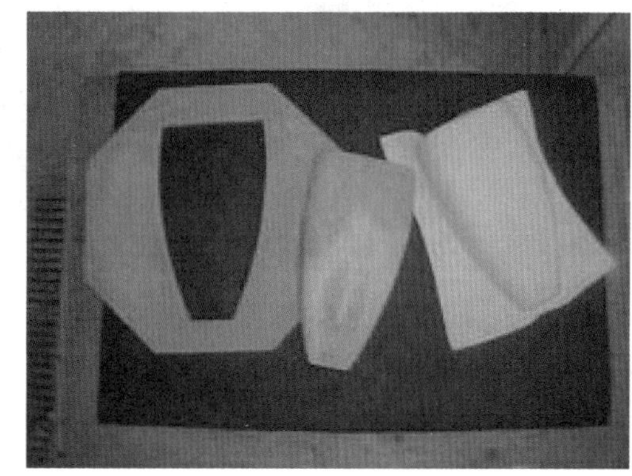

图5-59　模具成型脱模

（5）表面处理：塑料模型表面处理前应先将形体打磨光滑，然后再用腻子填补接缝线。待形体全部打磨光滑后就可上色。色彩宜选用喷漆或自喷漆。为使喷涂表面上的色彩细腻均匀，每喷一次漆，必须等前一遍漆干透后再进行。如在喷漆过程中模型表面粘有颗粒或起毛，可用水砂纸蘸肥皂水轻轻打磨光滑后再上最后一道漆。表面处理过的产品塑料模型可以达到非常真实的视觉效果。

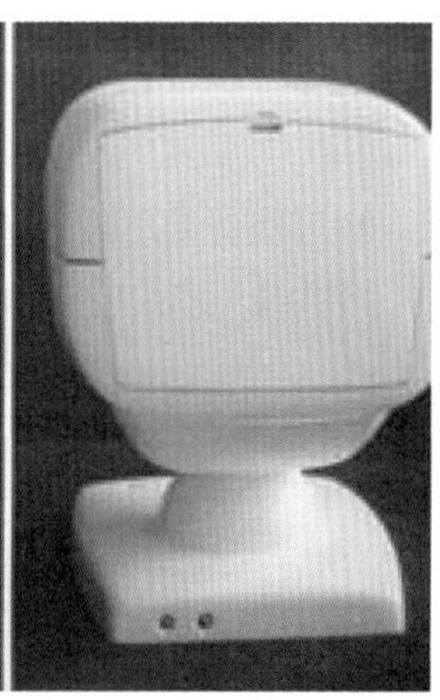

图5-60　表面处理及最终效果

三、油泥模型设计制作

油泥模型是在产品设计中进行模型制作时常用的一种形式。由于油泥加工方便、容易修改，特别适用概念模型的制作。在一些家用电器，汽车等交通工具的模型制作中应用十分广泛（图5-61）。

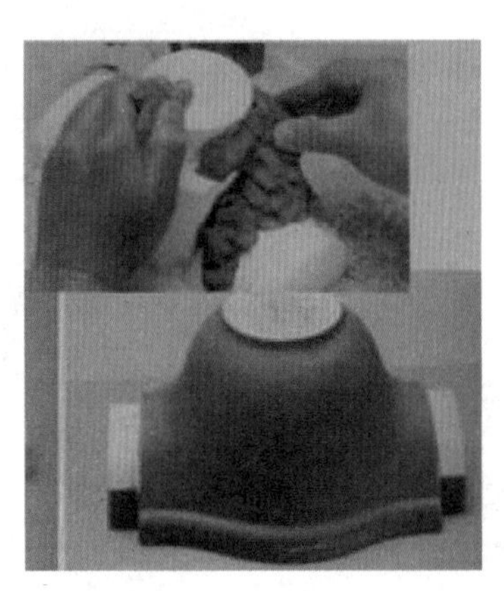

图5-61 油泥的两种基本加工方法

油泥是由石蜡、凡士林、硫黄、灰分及少量树脂、颜料按一定的比例配制而成的。油泥的特性是可塑性强，在达到一定的温度后油泥会开始软化，油泥的软化温度因其配方比例的差异也有所不同，通常为45 ℃～60 ℃。当温度在14 ℃以下时，油泥达到最高硬度，因此，环境温度为20 ℃～24 ℃是最好的工作温度。

1. 油泥模型制作的工具

油泥模型制作时，需要专门的制作工具。根据需要，也可自制一些工具。油泥在软化后才能进行塑造。用恒温烤箱软化油泥最为理想，如没有条件，也可以使用其他加温手段，如放在电炉上方烘烤，但烘烤时油泥必须与电炉保持一定的距离，并要不停地转动，使其均匀受热。油泥放在开水中浸泡也能达到软化的效果，但在浸泡时，油泥必须用塑料袋密封好，防止水的进入，另外，泥的体量不宜过大。

除软化油泥的工具设备外，常用的油泥模型制作工具如下（图5-62）：

（1）三角形刮刀：具有各种不同大小的尺寸，可用于制作一些靠近边角或较为细小的面。

（2）平口刮刀：具有各种不同的尺寸，主要用来刮去形体表面多余的部分。

（3）椭圆形刮刀：具有各种不同的尺寸，用于加工形体的凹面处。

（4）踞齿形刮刀：主要用于使表面获得平整的工具。

（5）线形刮刀：线形刮刀一端是平头，另一端是线形，具有各种尺寸，主要用于制作形体的细节，如线角和凹槽处等部位的细节制作。

除上述工具外，制作模型时还需要绘图工具、测量工具、模板等辅助工具。

2. 油泥模型制作的程序

（1）根据设计方案，画出较为精确的模型图样。

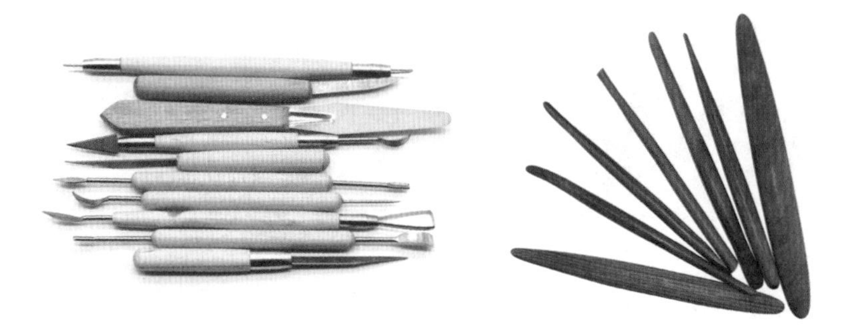

图5-62　油泥刮削及塑性工具

（2）根据模型图样的基本尺寸制作模芯，模芯可用泡沫塑料制作。

（3）用测量仪器测量模芯的基本尺寸，确保模芯的形态和所设计的形态基本相似（但必须小于其实际的尺寸），要保留一定的尺寸余地，使覆盖后的油泥层有足够的厚度。

（4）将软化的油泥用手覆盖在模芯表面；第一层覆盖在泡沫塑料表面的油泥层十分关键，油泥必须紧贴模芯表面，用于压实，不能留有丝毫间隙和裂缝，否则，油泥层极易脱落。

（5）塑造大体形态。用油泥塑造形体基本上与泥塑的方法相似，将油泥堆积至满足基本尺寸即可。

（6）光顺和整平油泥模型的表面，并不断检查形体是否与设计的要求相一致。

（7）细部刻画。

（8）表面处理：表面处理的一种方法是可用油泥专用彩膜进行粘贴；另一种方法是可用喷漆进行着色。在使用喷漆着色时，可先将油泥模型进行硬化处理，用原子灰作为腻子涂刷在模型表面，待油泥固化后打磨光滑，再进行喷涂（图5-63～图5-66）。

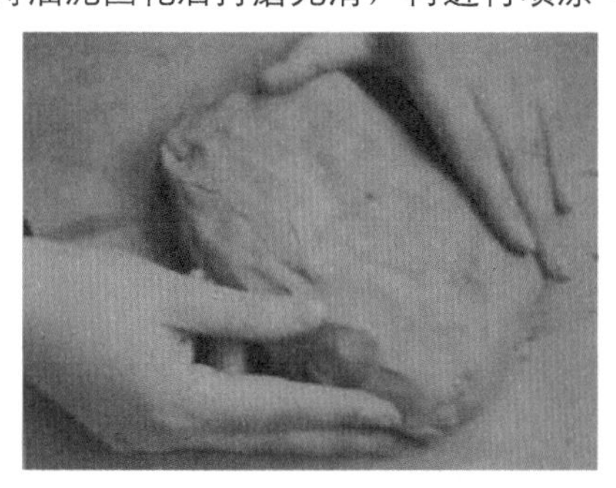
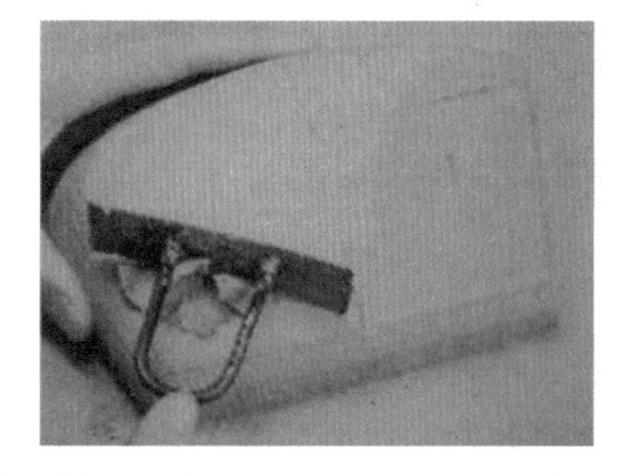

图5-63　油泥的堆砌与表面加工

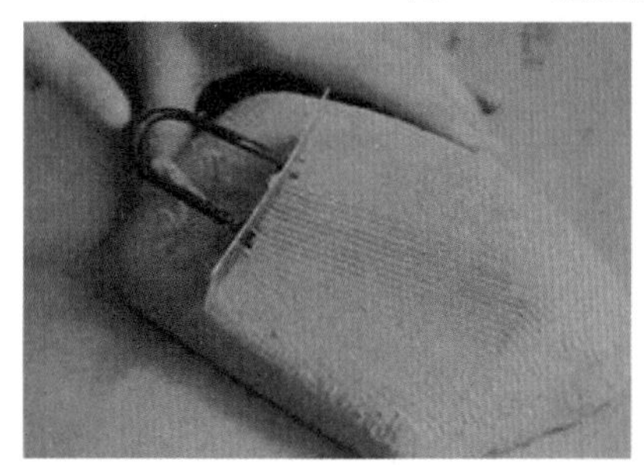

图5-64　油泥模型的表面处理

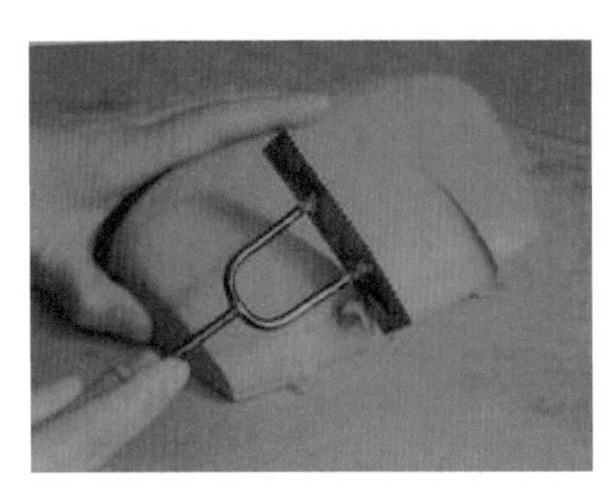
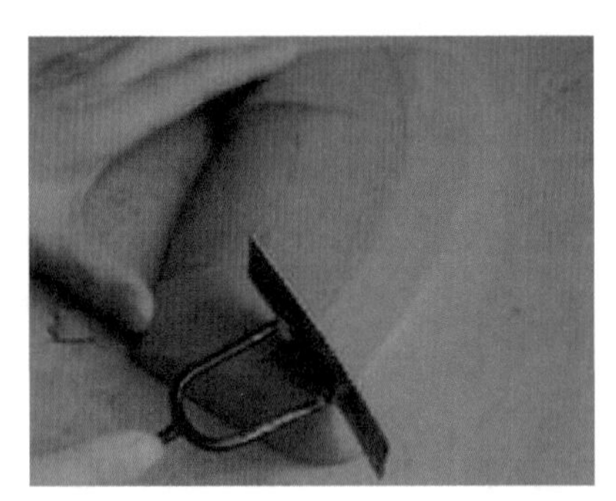

图5-65 油泥模型的表面加工

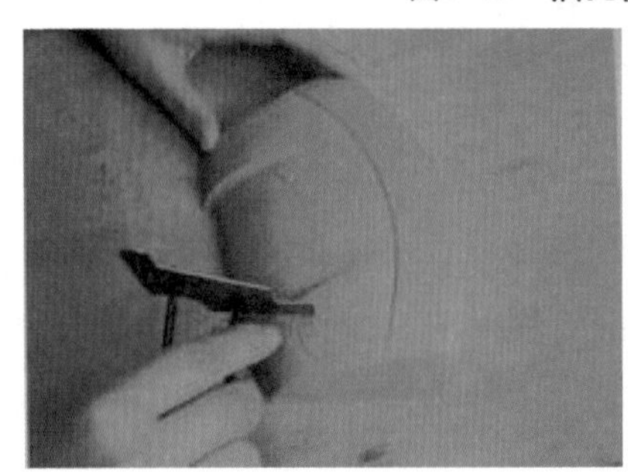
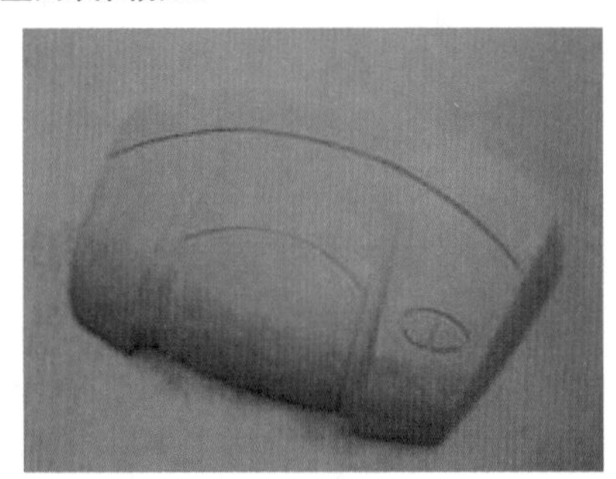

图5-66 油泥模型的细节处理与成型

思考题

1. 三维立体模型相对于效果图在表达产品信息方面有哪些优势？
2. 不同材料在制作产品模型时各有什么特殊要求？
3. 在产品设计过程中的不同阶段需要哪些不同类型的产品模型？
4. 选择合适的材料制作一款产品的三维立体模型。

附图：模型图例

第六章　产品设计的计算机辅助表现

由于经济、科技的发展和人们不断提高的审美需求，在产品设计领域里，数字化表现以它快速高效、效果逼真、色彩丰富等优点在众多表现方式中脱颖而出，数字表现作为设计师的必备技能，成为现代产品设计中激发设计创意和真实效果表现的主要手段。

第一节　产品计算机辅助设计表现的基本概念

计算机在产品设计表现中主要是运用软件进行产品三视图和效果图的绘制、渲染与后期制作。

随着计算机技术的快速发展，计算机的硬件和软件能力越来越强大。设计师可以从以往的缓慢或粗略的手工绘制图表中解放出来，基于计算机辅助设计软件将产品透视、色彩、材质真实的表现出来，并赋予产品色彩和材质，表现一定的表面肌理和明暗关系。在对产品效果图的修改阶段，计算机就更体现出远胜于手工绘制的优势，再也不用像手工绘制一样需要重新绘制，而只要在原来图形的基础上进行一定的删减或补充，即可以轻松地获得产品的优化设计方案。同时，由于计算机的标准化、精确化，其已成为设计领域沟通的桥梁，使得在设计的各个阶段实现各个部门或人员的协调合作，从而实现图形与数据的结合。同时，基于计算机技术的产品设计表现，可以与后续的数字工程化有机融合，充分体现数字化、智能化设计制造的优势。

由于计算机的精密性和先进性，通过其表现产品的效果图一般都具有以下明显的特征：

（1）准确性：产品效果图一般都是在AutoCAD、Alias、UG、3ds Max等软件中绘制的，它不会像一般的绘画那样随意变形或夸张，而是按照各项指标真实、准确地显示产品的造型、色彩和质感等因素。特别是在工程化软件中构建的产品模型，是基于严格的尺寸约束，对于实现产品结构的合理化具有重大的意义。

（2）直观性：产品效果图比机械制图和三视图等更直观的表现产品的立体效果及表面效果，而且可以对局部进行放大、缩小、旋转。甚至可以让客户穿透产品外壳，直接观察产品内部结构和空间关系，了解产品情况和设计特点。

（3）便捷性：在设计过程中，随着计算机辅助设计的应用，产品的设计制造过程可以快速打通和衔接，产品的设计周期也变得越来越短了。准确、便捷地表现产品效果图是产品设计不断进步的一个重要因素。

第二节 产品计算机辅助设计表现常用软件和方法

在产品设计中，计算机不可能贯穿设计的全过程。例如，在设计方案的构思阶段和设计草图绘制阶段都应该避免计算机的介入。因为一个人无论对其所使用的软件多么熟悉，都会思考利用什么样的方法构筑模型，使用计算机会大大减少对方案进行深入思考的时间。专心致志地进行思考和设计，在获得满意的方案之后再进行计算机的设计与制作，将有利于整体工作效率的提高，并有助于设计方案的进一步深化。

下面详细说明常用的工业设计应用软件及其特点。

1. Illustrator

Illustrator是标准矢量图形软件，是在印刷、网络及其他任何媒体上实现创意的人员的基本工具。此软件具有强大的新三维功能、高级印刷控件、平滑AdobePDF集成、增强打印选项及更快速的性能，可帮助设计师实现创意并将艺术创作高效地分发到任何地方。它具有创建和优化Web图形的强大、集成的工具，具有像动态变形等创造性选项，可扩展使用者的视觉空间，并且生产效率更高，流水化作业让使用者更容易将文件发送到任何一个地方。无论设计师是一个跨媒体的设计师，还是Web开发商，Illustrator都可为其提供无与伦比的新特性，使他们的工作更加出色（图6-1～图6-8）。

图6-1　钟表效果图

图6-2　播放器效果图

图6-3　照相机效果图

图6-4　按钮效果图

图6-5　汽车设计效果图

图6-6 电饭锅效果图

图6-7 产品包装效果图

图6-8 照相机六视效果图

2. CorelDRAW

CorelDRAW是一个平面设计软件，具有AutoCAD的大部分平面制图功能，而且比AutoCAD更加直观。同时，CorelDRAW软件是基于矢量特征进行图形的绘制，在图形放大、缩小、旋转等各种操作时，图形的清晰度都不会发生变化。很多设计师在画三视图时，就直接用CorelDRAW来完成。CorelDRAW的接口做得非常好，几乎能接受所有图形软件格式，文字排版功能也有相当的优势，深得工业设计师的喜爱。CorelDRAW软件通常用来进行平面设计和产品方案设计（图6-9～图6-16）。

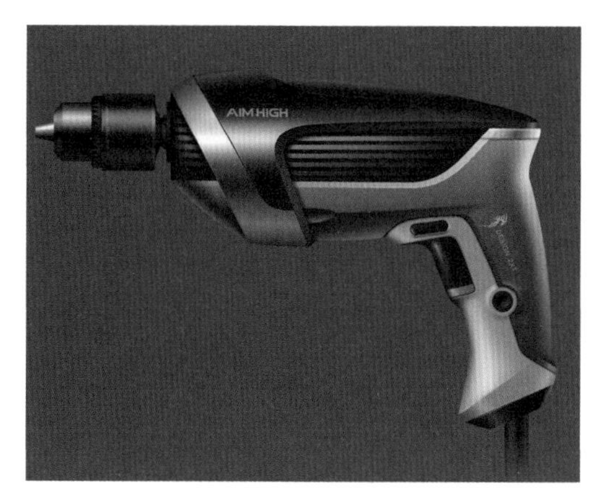

图6-9　手电钻CorelDRAW效果图

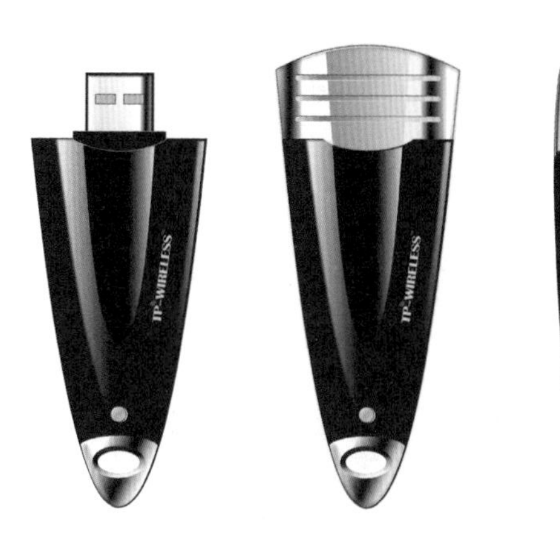

图6-10　优盘CorelDRAW效果图

图6-11　手机CorelDRAW效果图

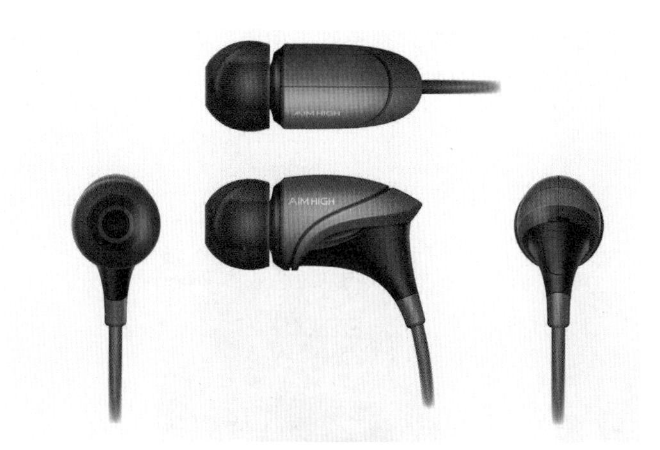

图6-12　耳机CorelDRAW效果图

图6-13　烧水壶CorelDRAW效果图

图6-14 咖啡机CorelDRAW效果图

图6-15 手表CorelDRAW效果图

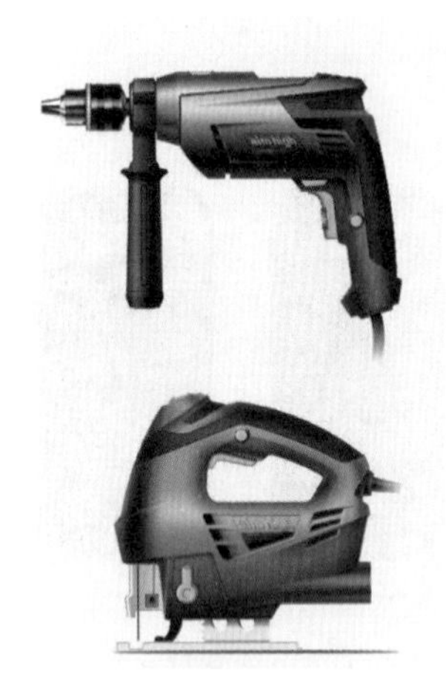

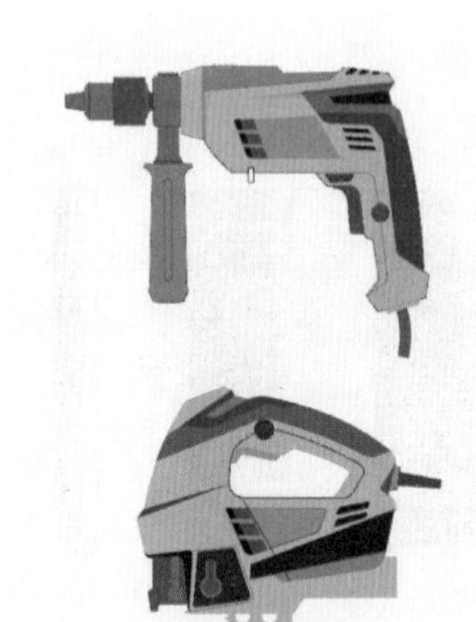

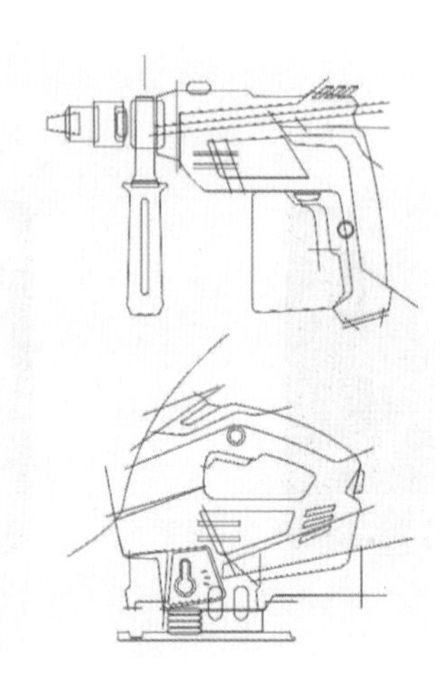

图6-16 手电钻CorelDRAW效果图步骤

3. Photoshop

Photoshop是图形图像处理软件，尤其在产品色彩搭配、视觉效果增强方面功能强大，使用方便。其用于平面设计和产品效果图的后期修描（图6-17～图6-24）。

图6-17 吸尘器Photoshop效果图

图6-18 头盔Photoshop效果图

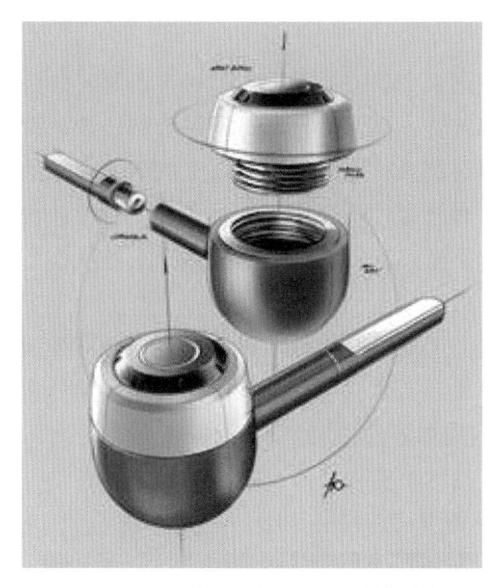

图6-19　研磨工具Photoshop效果图

图6-20　保温杯Photoshop效果图

图6-21　咖啡机Photoshop效果图

图6-22　音响Photoshop效果图

图6-23　电动自行车Photoshop效果图

图6-24　摩托车Photoshop效果图

4. Alias

Alias是AliaslWavefront公司研制的三维造型设计软件。其中的3DCAlD软件产品是特别为工业设计开发的。它的特点是提供参数化建模系统，可方便设计师对产品进行评价和修改，设计师可在设计初期选择用手绘的设计速写或草图方式表达创意，这些画在纸面上的草图可以通过扫描转换成2D曲线，作为生成3D模型的轮廓线。该软件还提供了2D草图绘制工具，包括各种笔刷和颜色，设计师可以利用数字手写板直接将设计速写画在计算机上，这些画上去的线条能够直接转换成用于3D建模的轮廓线。

AliaslWavefront的2D绘图工具包括铅笔、马克笔、毛笔、喷笔等，设计师可以像在纸面上画图时那样自由。该软件具有强大的曲面设计功能，设计师可以使用动态曲面控制创建任意形态或连接多个曲线形成光滑曲面。同时，该软件还包括对以下功能的支持：初步概念设计、3D模型评价、真实感的材质、贴图和渲染、动画展示产品的功能和操作、CAD曲面质量评估、团体合作开发、用户双向交流、精确的CAD数据转换等（图6-25～图6-30）。

图6-25　汽车Alias效果图

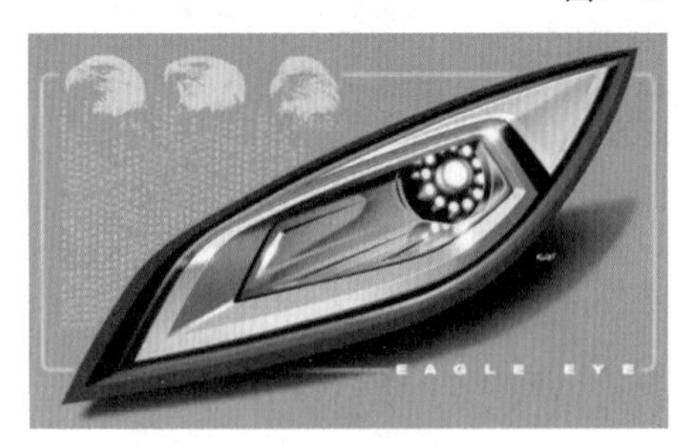

图6-26　汽车车灯Alias效果图

图6-27　汽车内部空间Alias效果图

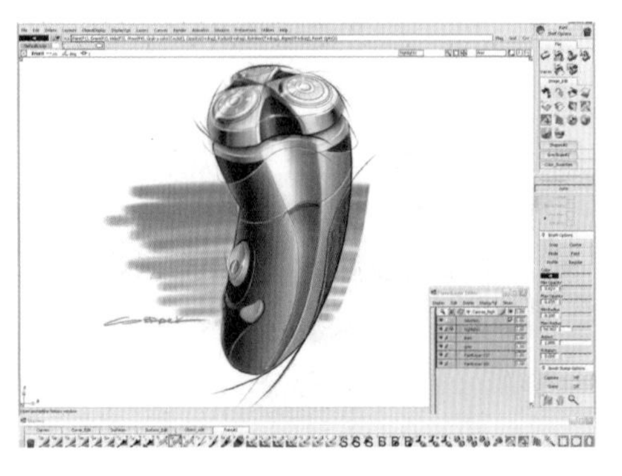
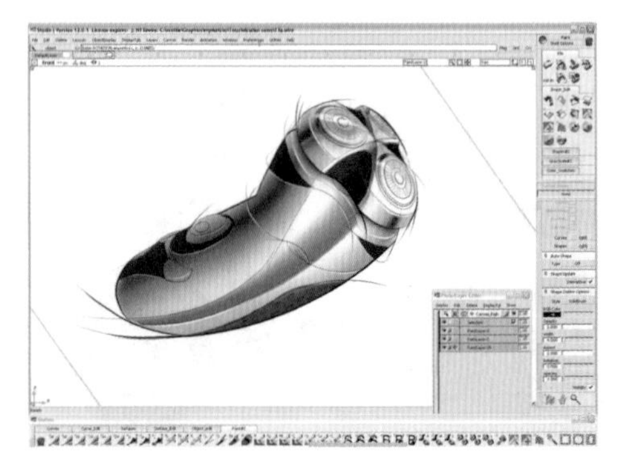

图6-28　剃须刀Alias效果图

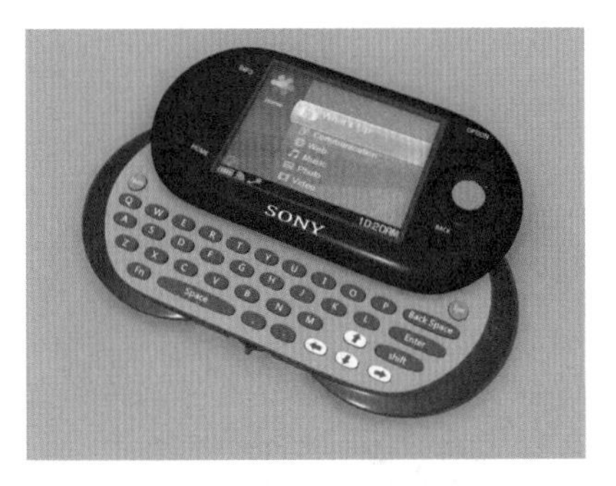

图6-29　手机Alias效果图

图6-30　运动背包Alias效果图

5. Rhino

Rhino是一个小型的专为解决产品造型中复杂曲面造型而设计的建模软件。该软件具有较高的性能价格比，硬件要求较低，能自如运行于目前主流计算机操作系统。Rhino生成的模型可方便地导入3ds Max。由于它是Alias软件的一个简化版本，强大的造型功能和较低的硬件要求，使得Rhino软件广泛地应用于工业产品的方案设计阶段（图6-31～图6-39）。

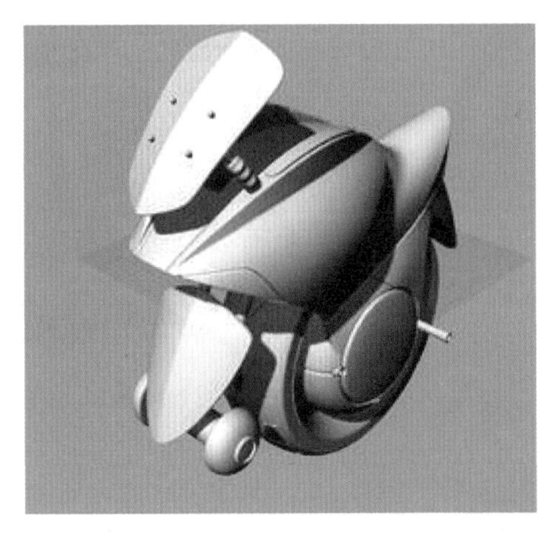

图6-31　平衡车Rhino效果图

图6-32　头盔Rhino效果图

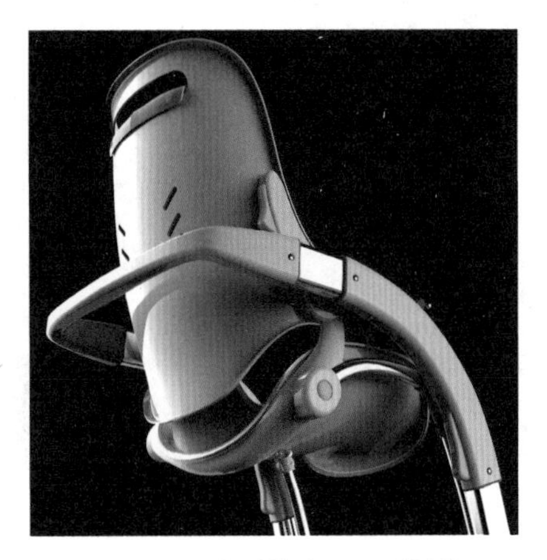

图6-33　儿童手推车Rhino效果图

图6-34 吸尘器Rhino效果图

图6-35 摩托车Rhino效果图

图6-36 电水壶Rhino效果图

图6-37 咖啡机Rhino效果图

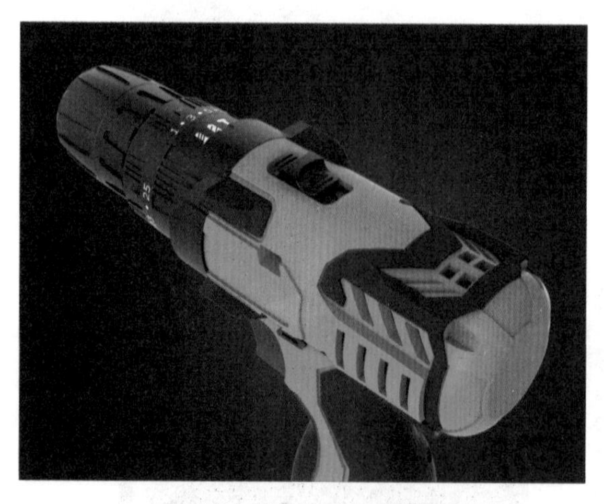

图6-38 手电钻Rhino效果图

图6-39 手扶平衡车Rhino效果图

6. Pro／E

Pro／E是美国PTC公司的产品，是目前使用最多的产品工程化设计软件。它从产品的构思、完善到生产加工都高度地智能化、专业化、规范化。在前期的建模、造型上能方便地生成曲面、倒角等其他软件难以完成的任务，在后期的工程设计方面，它能自动优化产品结构、材料和工艺，完成CAD／CAM的转化。

另外，PTC公司的其他系列产品还扩展和完善了某些设计的环节，所以，在现代企业中，产品的开发设计基本使用了Pro／E系列。Pro/E软件具有如下特点：

（1）全参数化设计，即将产品的尺寸用参数来描述。它的三维实体模型既可以将设计者的设计思想真实地反映出来，又可以借助系统参数计算出体积、面积、质量等特征。

（2）可以随时由3D模型生成2D工程图，自动标注尺寸。由于其关联的特性，采用单一的数据库，无论修改任何尺寸，工程图、装配图都会做相应的变动。

（3）以特征为设计单位。如孔、倒角等都被视为基本特征，可随时对其进行修改、调整，完全符合工程技术规范和习惯。

（4）使模具设计变得十分容易。直接支持许多数控机床，使设计、生产一体化（图6-40～图6-45）。

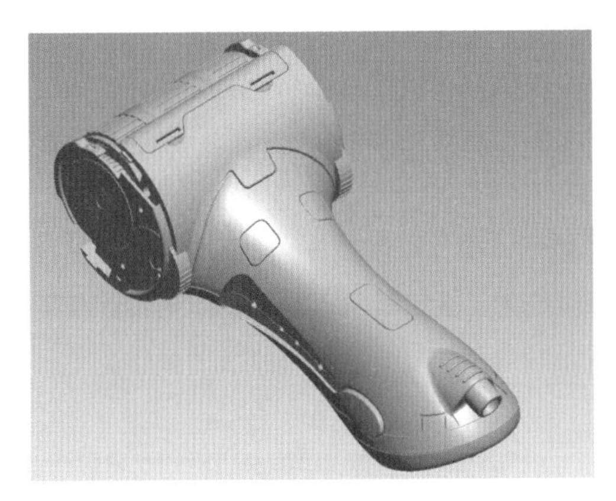

图6-40　电吹风Pro/E效果图

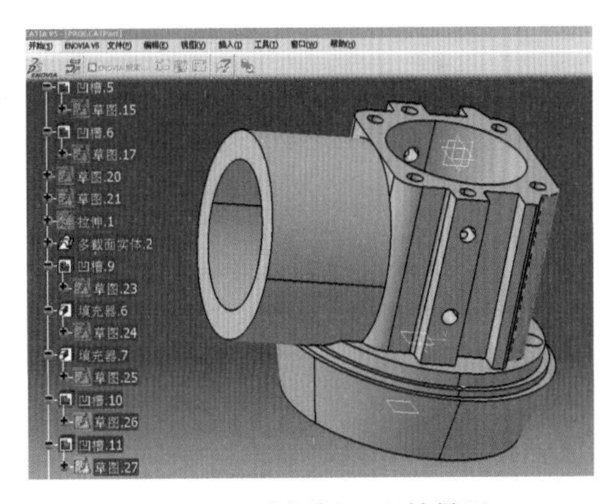

图6-41　工业阀门Pro/E效果图

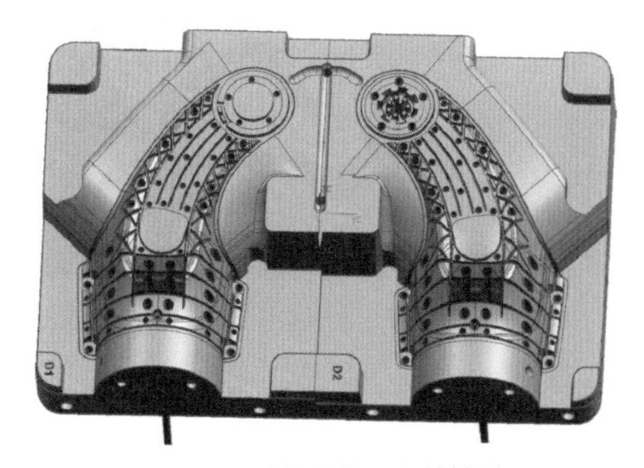

图6-42　电机壳体Pro/E效果图

图6-43　电机传输Pro/E效果图

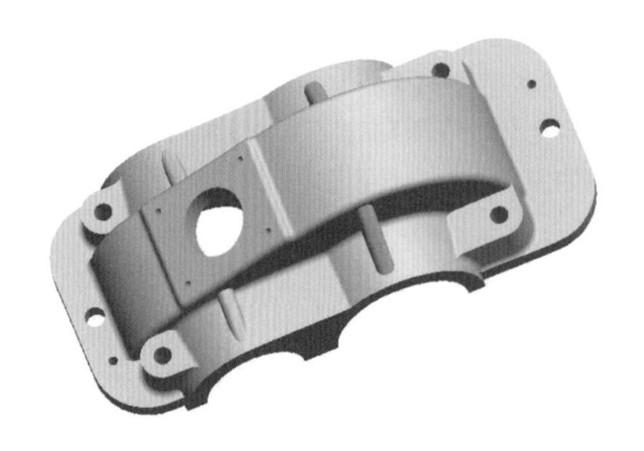
图6-44 电机上盖Pro/E效果图

图6-45 发电机转子Pro/E效果图

7. Solidworks

Solidworks软件是微机版技术指标化特征造型软件的新秀，旨在以工作站版相应软件价格的1／4～1／5向广大机械设计人员提供用户界面更友好、运行环境更大众化的实体造型功能。它将零件设计与装配设计、二维出图融为一体，是工业界迅速普及的三维产品设计技术。Solidworks实施金伙伴合作策略，在单一的Windows界面下无缝集成各种专业功能，如结构分析Cosmos/Works、数控加工CAMworks、运动分析MotionWorks、注塑模分析Moldflow、逆向工程RevWorks、动态模拟装配IPA、产品数据管理SmarTeam、高级渲染Photoworks。今后将有高级曲面造型Surfworks等软件陆续出现（图6-46～图6-53）。

同时，由于Solidworks软件对于计算机硬件要求较低，操作难度比Pro/E、UG等大型工程软件低，学习和应用相对容易。因此，Solidworks软件也成为工业设计师实现产品审美设计与工程化设计融合的有力武器。

图6-46 阀门Solidworks展示图

图6-47 水下航行器Solidworks展示图

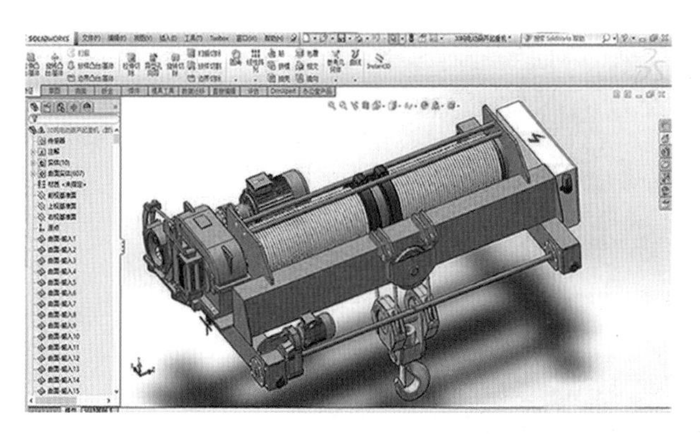

图6-48　航轨车Solidworks展示图

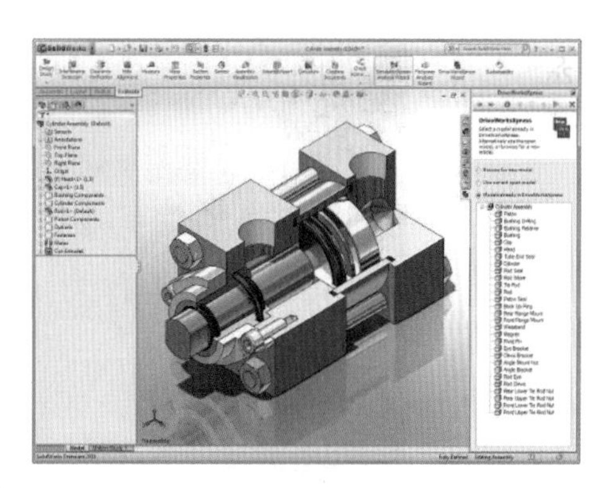

图6-49　机床结构Solidworks展示图

图6-50　太空飞船Solidworks预想图

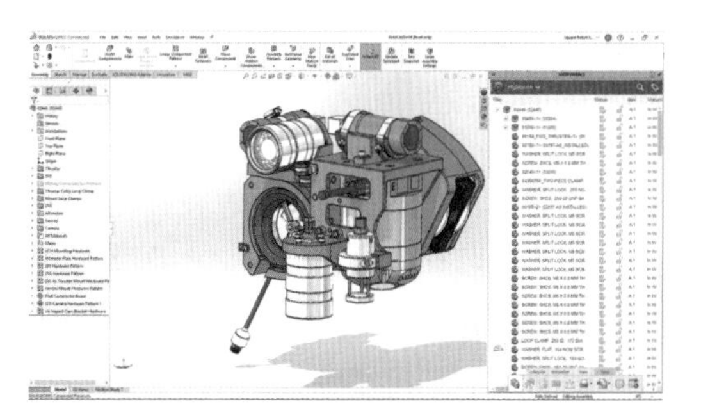

图6-51　探测器结构Solidworks展示图

图6-52　个人航行器Solidworks预想图

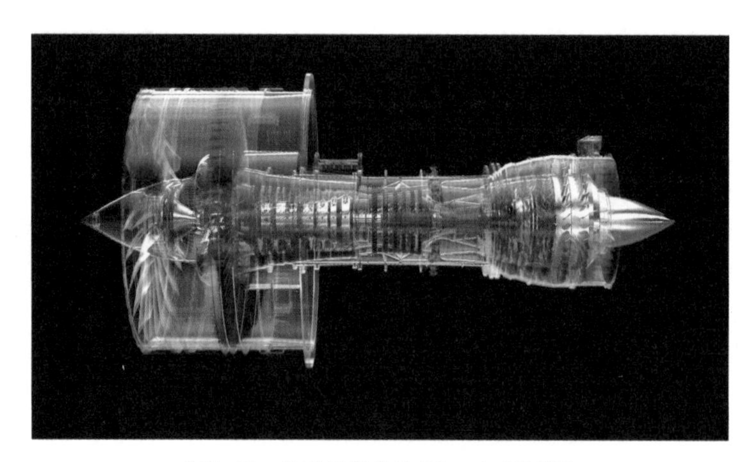

图6-53 发动机结构Solidworks展示图

思考题

1. 计算机辅助设计表现有什么优势和劣势？
2. 不同的设计软件在工业产品效果表达中有什么特点？
3. 选择合适的软件制作一款工业产品的效果图。

参考文献 References

［1］张蓓蓓，罗莹奥，岳志鹏．产品设计快速表现技法——手绘与数位绘制［M］．北京：电子工业出版社，2021.

［2］陈玲江．工业产品设计手绘与实践自学教程［M］．2版．北京：人民邮电出版社，2017.

［3］曹学会．产品设计马克笔手绘表现［M］．北京：中国纺织出版社，2017.

［4］郑志恒，史慧君，傅儒牛．产品设计手绘表现技法［M］．北京：化学工业出版社，2020.

［5］王艳群，张丙辰．产品设计手绘与思维表达［M］．北京：北京理工大学出版社，2019.

［6］孟凯宁．设计透视与产品速写［M］．北京：化学工业出版社，2018.

［7］汪海溟，寇开元．产品设计效果图手绘表现技法［M］．北京：清华大学出版社，2018.

［8］薛文凯，孙健．产品手绘设计表现技法［M］．合肥：安徽美术出版社，2018.

［9］安静斌．产品造型设计手绘效果图表现技法［M］．重庆：重庆大学出版社，2017.

［10］李红萍，姚义琴．产品设计手绘快速表现［M］．北京：清华大学出版社，2015.

［11］杨亚萍．产品设计手绘技法［M］．北京：海洋出版社，2015.

［12］曹伟智．产品手绘效果图表现技法［M］．沈阳：辽宁美术出版社，2014.

［13］汪梅，吴捷．效果图表现技法［M］．北京：中国轻工业出版社， 2014.

［14］林国胜．效果图制作基础与应用教程：3ds Max 2012+VRay［M］．北京：人民邮电出版社，2013.

［15］［荷］艾森，斯特尔．产品手绘与创意表达+Sketching产品设计手绘技法［M］．陈苏宁，译．北京：中国青年出版社，2012.